中国天山典型内陆河流域径流组分特征及水汽来源研究

◎ 陈海燕　著

中国农业科学技术出版社

图书在版编目（CIP）数据

中国天山典型内陆河流域径流组分特征及水汽来源研究 / 陈海燕著. —北京：中国农业科学技术出版社，2020. 11

ISBN 978-7-5116-5085-6

Ⅰ. ①中… Ⅱ. ①陈… Ⅲ. ①天山—内陆水域—河流—流域—研究 Ⅳ. ①P941.77

中国版本图书馆 CIP 数据核字（2020）第 222937 号

责任编辑 李 华 崔改泵
责任校对 贾海霞

出 版 者 中国农业科学技术出版社
北京市中关村南大街12号 邮编：100081
电 话 （010）82109708（编辑室） （010）82109702（发行部）
（010）82109709（读者服务部）
传 真 （010）82106650
网 址 http: // www.castp.cn
经 销 者 各地新华书店
印 刷 者 北京地大天成文化发展有限公司
开 本 710mm × 1 000mm 1/16
印 张 9.75
字 数 170千字
版 次 2020年11月第1版 2020年11月第1次印刷
定 价 78.00元

前　言

天山山脉位于亚欧大陆腹地，高大雄伟的天山山体对西风气流带来的水汽具有显著的拦截抬升作用，在高海拔山区形成地形雨，降水相对充沛，成为中亚干旱区中的“湿岛”。就中国天山来说，中国天山汇集了新疆40.4%的降水量，占据了新疆31.7%的冰川面积、32.8%的冰川储量以及54%的年径流量。发源于天山的河流是中亚重要的水源，对中亚天山地区社会经济建设与生态环境建设具有重要意义。

然而，这种发源于山区，消耗于下游平原区的高寒区内陆河对气候变化极其敏感。在全球气候变化背景下，水文波动加大，水资源不确定性增强。据IPCC第五次气候变化评估报告，在未来一段时间内，全球气候仍将持续变化，不确定性将更大。同时，随着人口快速增加和不合理的水土资源开发活动日益加剧，干旱区水资源开发利用过程中的生态与经济的矛盾日趋尖锐。气候变化引起的水资源的时空变化将会导致流域内绿洲与荒漠生态两大系统的水资源矛盾更加突出。气候变化将会对干旱区水资源带来什么影响？干旱区水资源将会有怎样的变化趋势？人类应该如何应对气候变化对干旱区水资源带来的不利影响都是迫切需要研究的问题。

研究干旱区内陆河流域的径流组分特征及其水汽来源对于应对气候变化带来的影响、预测区域未来水资源变化趋势具有重要的指导意义。我国学者非常重视干旱区水循环与水资源研究，并取得了一系列有意义的成果。然而，对气候变化背景下，天山地区的径流组分特征与水汽来源的了解仍然不足。在中国科学院新疆生态与地理研究所陈亚宁研究员的指导下，以中国天山北坡的乌鲁木齐河、玛纳斯河和南坡的开都河、黄水沟以及阿克苏河等典型流域为研究靶区，采用同位素水文学方法，研究了水资源构成，解析了径流组分，分析了气候变化背景下的中国天山地区水汽来源，蒸发分馏对降水、地表水和地下水的影响，总结成书。

本书内容共8章。第1章为概述，介绍了该研究的背景、意义、国内外研究进展、研究内容与目标。第2章为研究区概况，介绍了研究区的自然概况。第3章为数据与方法，阐述了实验方法与实验过程、数据来源等。第4章为水环境同位素时空分布特征及其环境意义，分析了降水、河水与地下水同位素的时空分布特征、水化学时空分布特征及其环境意义。第5章为降水水汽来源，解析了天山地区水汽来源研究及其影响因素。第6章为蒸发对水体同位素的影响，揭示了天山地区不同水体同位素受蒸发分馏的影响程度。第7章为径流组分特征，精细刻画了中国天山南、北坡典型流域的径流组分特征和时空变化，探究了冰冻圈对流域径流的贡献。第8章为结论与展望，总结了本研究的主要结果与结论，分析了本研究的创新点与不足，并对未来研究进行了展望。本书由陈海燕进行组织、撰写与统稿。

著　者

2020年8月

目　录

第1章　概　述

1.1　研究背景与意义

约占全球30%的土地面积是蒸发量大于降水量的干旱、半干旱区（Herczeg & Leaney，2011）。全球干旱、半干旱区主要分布在北纬18°～40°以及赤道以南的广大地区，包括非洲北部、南部和中东部，美国西部，南美南部，澳大利亚大部分地区，亚洲中部广大地区及欧洲部分地区（NOAA，2010）。同时，这些地区供养了全世界超过14%的人口（Herczeg & Leaney，2011）。

干旱区降水稀少，气候干燥。干旱山区是干旱区水资源形成区与存储区，是区域内几乎所有河流的发源区，是干旱区生产、生活的主要水源（陈亚宁，2012）。

位于亚欧大陆腹地的天山山脉，东西横跨中国、哈萨克斯坦、吉尔吉斯斯坦和乌兹别克斯坦4国，全长约2 500km，南北平均宽250～350km。高大雄伟的天山山体对西风气流带来的水汽具有显著的拦截抬升作用，在高海拔山区形成地形雨，降水相对充沛，成为中亚干旱区中的"湿岛"。就中国天山来说，中国天山汇集了新疆40.4%的降水量，占据了新疆31.7%的冰川面积、32.8%的冰川储量以及54%的年径流量（王圣杰，2015）。发源于天山的河流是新疆重要的水源。Pritchard（2017）在Nature上发表论文，指出了冰川积雪融水对亚洲高海拔地区，包括中亚天山地区社会经济建设与生态环境建设的重要意义。

然而，这种发源于山区，消耗于下游平原区的内陆河对气候变化极其敏感。在全球气候变化背景下，水文波动加大，水资源不确定性增强（陈亚宁，2014）。据IPCC第五次气候变化评估报告指出，在未来一段时间内，全球气候仍将持续变化，不确定性将更大。Farinoot等（2015）估算了1961—2012年间天山冰川消融量与消融速度，分析了冰川快速消融的原因，并预测至2050年，目前存在的超过一半的冰川将会消失，这必将加大区域水资源的风险。Kraaijenbrink等（2017）模拟研究发现，在全球气温平均升高1.5℃的情景下，亚洲高山地区的气温将升高（2.1 ± 0.1）℃，到21世纪末，36% ± 7%当前存在的冰川将会消失。而基于RCP 4.5、RCP 6.0和RCP 8.5情景的预测表明将会有更多的冰川消失，到21世纪末，在以上3种情景下，亚洲冰川质量分别将减少49% ± 7%、51% ± 6%和64% ± 5%。Gao等（2019）在Nature上发表评论指出，包括天山在内的亚洲许多冰川都呈退缩趋势，这将对未来区域水资源供给造成威胁，并强调加强对冰冻圈的水文监测，建立水文监测网络的必要性与重要性。

同时，随着人口快速增加和不合理的水土资源开发活动日益加剧，干旱区水资源开发利用过程中的生态与经济的矛盾日趋尖锐。气候变化引起的水资源的时空变化将会导致流域内绿洲与荒漠生态两大系统的水资源矛盾更加突出。气候变化将会对干旱区水资源带来什么影响？干旱区水资源将会有怎样的变化趋势？人类应该如何应对气候变化对干旱区水资源带来的影响都是迫切需要研究的问题。对于极度依赖于冰川积雪融水的天山地区，为了解决以上3个问题提供科学参考，迫切需要深入了解以下两个问题：第一，冰川积雪融水对天山地区径流的贡献率是多大？第二，在气候变化背景下，未来冰川积雪融水对径流的贡献将会怎样变化？对于第二个问题，在气候变暖不可逆转的情况下，冰川消融也是不可避免的，因此，对于未来冰川积雪融水对径流的贡献更加关注未来区域冰川积雪的变化，其中降水水汽来源与之直接相关。

作为水分子的一部分，水体氢氧稳定同位素随降水变化而自然变化，一旦摆脱云下蒸发，又仅仅受制于混合引起的变化（Klaus & McDonnell，2013；Kendall & McDonnell，1998）。因此，蒸发与混合是引起水体氢氧稳定同位素发生变化的两个主要原因。其中，混合是生态、水文等应用研究的基础，水体氢氧稳定同位素已经作为自然示踪剂在水文学（Wang et al，2017；2016a；2016b）、水文地质学（Yagi，2016）、气象气候学（Gao et al，2015；He et al，2015）、生态学（Moreira et al，1997）及其交叉学科

（Weynell et al，2016；Evaristo et al，2015）等多个领域得到了广泛应用。更是流域水文学研究如验证水文模型（Fang et al，2018；Liu et al，2004）、探查水流路径（Rodgers et al，2005）、计算水的平均滞留时间（Klaus et al，2015；Seeger & Weiler，2014）、识别地下水补给来源（Prada et al，2016）、径流分割（Davis et al，2015）等的理想示踪剂。而蒸发引起的同位素分馏是目前同位素水文学研究的热点，也是引起同位素应用的主要不确定性来源。

流域具有地形特征鲜明，大的流域包含多个相互嵌套而又各具特色的小单元，是输入输出的物质与能量能够定义和监测的开放系统等优点（McGuire & McDonnell，2015）。流域尺度的研究成为全球气候变化背景下水文地质研究的基本单元（Kendall & McDonnell，1998）。流域内各水体稳定同位素特征的时空变化是流域内各人文要素与自然要素包括水文、地质地貌、气候气象、植被、土壤、生态环境、水利工程与措施、区域用水过程等的综合反映（Gaj et al，2016）。研究流域内各水体稳定同位素特征的时空变化对了解区域气候变化过程与现状、合理管理与规划区域水资源、应对气候变化带来的影响等具有重要的指导作用（Zhang et al，2017a；2017b；2013）。自20世纪60年代同位素方法引入流域水文研究（Eriksson，1963）以来，流域同位素水文研究已取得了丰硕的成果（Gaj et al，2016）。流域内不同水体稳定同位素研究成为同位素水文研究的热门话题（Gaj et al，2016；Klaus et al，2015；Tekleab et al，2014）。

在过去的几十年里，学者们对天山地区径流组成与水汽来源做过一些研究，得出了一些有意义的结论（Sun et al，2015，2016；Wang et al，2016a，2016b；Zhang et al，2016；Fan et al，2013；Kong et al，2012）。Fan等（2013）基于基流分割法分析了基流对塔里木河径流的贡献，并分析了冰川积雪的影响。Zhang等（2016）基于SWAT模型分析了中国天山南北坡24个流域的径流组分特征，并着重研究了冰川积雪融水对径流的贡献。Kong等（2012）和Sun等（2015；2016）基于同位素径流分割法分析了阿克苏河、乌鲁木齐河和黄水沟的径流组分特征。然而，基于模型的方法和基于基流分割的方法需要大量冰川积雪观测数据，这在天山地区极其有限；对于基于水体氢氧稳定同位素的方法，缺乏对天山南、北坡典型内陆河流域径流组分特征及其水汽来源的对比研究。

对于天山地区降水水汽来源问题，Wang等（2016a；2016b）基于后向轨迹模式和降水氢氧稳定同位素示踪法分析了天山地区外来水汽来源，同时基于同位素质量平衡法分析了再循环水汽对天山北坡典型绿洲包括石河子、蔡家湖和乌鲁木齐绿洲降水的贡献。然而，对于天山地区，山区尤其是中山带才是区域降水最丰富的地区。之前的研究对天山中山带降水水汽来源的研究极少。

基于同位素水文学研究天山南、北坡典型干旱区内陆河流域的径流组分特征及其水汽来源对应对气候变化带来的影响，预测区域未来水资源变化趋势具有重要的指导意义。因此，本研究将以天山南坡的典型内陆河流域（南坡：开都河流域、黄水沟流域和阿克苏河流域；北坡：乌鲁木齐河流域与玛纳斯河流域）为研究靶区（图1.1），解析全球气候变化背景下，干旱区典型内陆河流域的径流组分特征及其水汽来源，并分析蒸发分馏对不同水体氢氧稳定同位素的影响。

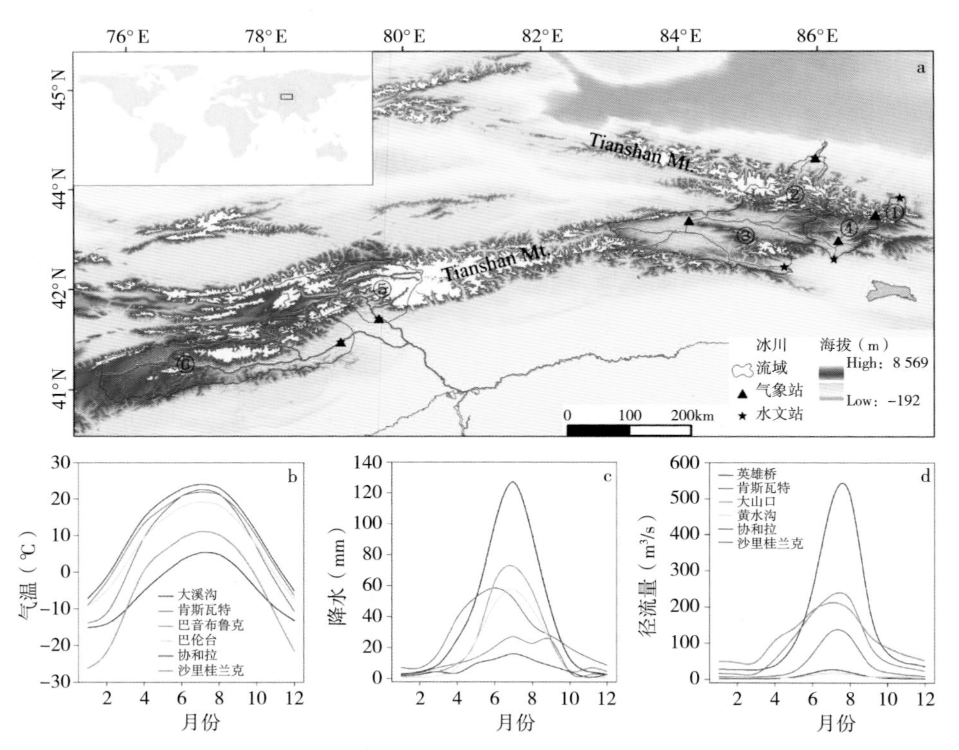

图1.1　研究区地理位置和自然概况（a）、各流域月平均气温（b）、月平均降水量（c）及月平均流量分布（d）

注：①乌鲁木齐河流域；②玛纳斯河流域；③开都河流域；④黄水沟流域；⑤库玛拉克河流域；⑥托什干河流域

1.2 国内外研究进展

1.2.1 同位素监测网络的建立与发展

1934年，Gilfillan指出海水较淡水更富集重同位素。从此，同位素水文学逐渐兴起，但直到Dansgaard等（1953）首次将降水稳定同位素^{18}O引入水循环过程研究，发现降水中重同位素含量随冷凝温度下降而下降之前，这门科学并无实质性发展。在随后的研究中，研究人员感受到资料短缺、缺乏系统采样是这门学科发展缓慢的重要原因，标准化的采样与分析过程成为利用同位素技术研究水循环过程的必然要求，同位素监测网络呼之欲出（Aggarwal et al，2010）。

为了持续监测全球的降水同位素及相应的气象要素，1961年，国际原子能机构（International Atomic Energy Agency，简称IAEA）和世界气象组织（World Meteorological Organization，简称WMO）联合筹建了全球降水同位素网络（Global Network of Isotopes in Precipitation，简称GNIP）（IAEA/WMO，2014）。各站点的样品采集、运输、分析和数据质量控制都由IAEA把关。这一活动极大地促进了同位素水文学的快速发展，至今对水文、生态、地质、气象等学科发展具有深远影响（Crawford et al，2014；Pfahl & Sodemann，2014；Klaus & McDonnell，2013；Divine et al，2011）。2002—2006年，IAEA又着手建立全球河流同位素监测网（Global Network of Isotopes in Rivers，简称GNIR），监测全球大河流全流域的氢氧稳定同位素和放射性同位素氚。目前已经从全球35个国家750个站点收集了21 000组氢氧稳定同位素数据和从28个国家170个站点收集了12 200组放射性同位素氚的数据。这些数据对研究陆地水循环具有重要意义（Halder et al，2015）。

20世纪60年代的珠穆朗玛峰科学考察代表我国开始基于氢氧稳定同位素研究水循环过程（章申等，1973）。但系统的长时间序列的同位素监测网络发展极慢。最初只有香港一个站点列入到了GNIP监测网络。此后很长一段时间，没有新的中国境内的降水同位素监测站点被纳入到该数据库。国内一些科学家于20世纪80年代开始在全国范围内开展短期的采样，但仍不系统且站点稀少（郑淑慧等，1983；卫克勤等，1980）。20世纪90年代，中国内地的一些降水同位素监测站点开始被纳入GNIP（IAEA，1990）。此后，越来越多的中国站点数据出现在GNIP数据库，截至目前，已有33个站点的降水同位素数据汇集到GNIP数据库。而天山地区只有天山北坡的乌鲁木齐站，且只有1986—2003年的数据。

依托中国生态系统网络（Chinese Ecosystem Research Network，简称CERN）各野外台站，我国于2004年开始筹建“中国大气降水同位素观测网络”（Chinese Network Isotopes in Precipitation，简称CHNIP），监测月降水同位素（宋献方等，2007）。另外，中国科学院青藏高原研究所还筹建了“青藏高原降水同位素网络”（Tibetan Plateau Network of Isotopes in Precipitation，简称TNIP）。

至此，中国已经建立起了全国范围的系统的降水同位素监测网络，并取得了丰硕的研究成果（Liu et al，2014；Yao et al，2013；姚檀栋等，2009；余武生等，2006）。除此之外，还先后在全国范围内建立了许多小区域的降水与河水监测系统。

1.2.2 同位素环境效应研究

Craig（1961a）基于全球400个河水、湖水和降水样品的氢氧同位素分析发现，全球降水氢氧稳定同位素值呈线性关系，从而建立了全球大气降水线方程（Global Meteotic Water Line，简称GMWL）$\delta^2H=8\delta^{18}O+10$。早在1964年Dansgaard就发现降水氢氧稳定同位素组成受到温度、降水量等因素的控制，随后各种同位素效应逐渐被解释和验证。

1.2.2.1 温度效应

降水的同位素组成与降水云团的冷凝温度直接相关，温度越低，大气降水氢氧稳定同位素越贫化。这种降水氢氧稳定同位素组成与温度的关系即为温度效应，在海拔较高、温度较低的地区，这种效应越显著（Pang et al，2011；Jouzel et al，1987）。

1.2.2.2 降水量效应

降水同位素组成与降水量之间的负相关关系即为降水量效应，在低纬度地区更显著（Yapp，1982）。大量的季节性降水可以掩盖温度效应，导致重同位素贫化（Yamanaka et al，2007；Yurtsever & Gat，1981）。在降水季节性变化大的季风区，降水稳定同位素可以在一定程度上指示季风强度。

1.2.2.3 高程效应

降水同位素组成随着海拔升高而不断降低的变化趋势，这就是高程效应。由于随海拔升高，气团绝热冷却，因此高程效应实质上是温度效应的另一种表现形式（Pang et al，2011；Gonfiantini et al，2001）。

1.2.2.4 大陆度效应

地球上的水汽主要来源于海洋，不考虑二次蒸发对陆地水汽的补给，水汽从海洋向陆地运移时，水汽氢氧同位素浓度随距海距离增加而逐渐降低的现象，即大陆度效应。这种大陆度效应对水汽来源路径等研究具有重要的指示意义（Crawford et al，2013；Sengupta & Sarkar，2006；Yamanaka et al，2002）。

1.2.3 蒸发对地表水、地下水与降水同位素的影响

水体蒸发是水文循环过程的第一环节，也是引起水中氢氧稳定同位素分馏的重要过程。水体的蒸发分馏通常发生在水体表面汽—液相交界面。水体蒸发过程中，较轻的水分子由于质量较轻，首先从液相中分离，致使水蒸气富集轻同位素，而剩余水体富集重同位素。

对于开放水体，按分流机制，同位素的蒸发分馏可以分为瑞利平衡分馏和动力分馏两类。开放系统相分离过程中的“瞬时平衡状态”下的分馏即为瑞利分馏。它的假设条件是汽相从液相蒸发出来后立即从系统中分离出去，液—汽相之间的平衡始终维持在水—汽界面。温度是控制瑞利平衡分馏条件下的同位素分馏的主要因子。剩余水体同位素组成随剩余水体积比的减少呈指数降低。而在开放水体蒸发过程中，在分子扩散作用的影响下，水蒸气向两个方向运动，水体同位素产生了非平衡富集，即为非平衡条件下的动力分馏。动力分馏过程中同位素分馏受温度、相对湿度、风速等因素的综合影响（顾慰祖等，2011；Gat，1996）。

Craig和Gordon（1965）建立了开启水面蒸发模型，将水—汽界面自下往上分为水层、饱和层、扩散层和紊流层4层。该模型假设水层无分馏作用且完全混合；饱和层与水层发生热力学平衡分馏，水蒸气达到饱和状态；在

扩散层中，由于分子扩散作用，水蒸气向上下两个方向运动，从而产生了非平衡富集。Craig-Goedon模型被视为计算蒸发水体氢氧稳定同位素的依据。随后，Craig-Goedon模型被广泛应用并被进一步证实完善。

Henderson-Sellers等（2006）指出尽管模拟陆地表面水体同位素组成仍然需要进一步完善，然而，据已有观测来看，当纳入大量地表参数之后，基于Craig-Gordon模型模拟的水体蒸发引起的氢氧稳定同位素分馏还是相当可信的。Braud等（2009）基于Craig-Gordon模型模拟了土壤蒸发水汽的氢氧同位素组成，发现土壤中液态水传输占主导地位时，蒸发水汽的同位素组成受很薄的表层土壤的液态水同位素组成控制。当土壤剖面水体同位素存在峰值时，接近地表时，水汽占主导地位，蒸发水汽的同位素组成受含水量最大的液态土壤水的同位素组成控制。Kim和Lee（2011）基于Craig-Gordon模型模拟了蒸发过程中湖泊表层液态水体的同位素富集过程，指出表层水与重力水相比，表层水的δ^{18}O值平均比重力水的高7.5‰～8.9‰，δ^{2}H值高12.6‰～16.5‰。具体值依赖于选择的动力分馏因子。在估算蒸发富集对表层土壤水同位素的影响时，δ^{2}H的不确定性高于δ^{18}O。在蒸发比较旺盛的情况下，动力分馏对同位素分馏的影响更大。Dubbert等（2013）指出，如果土壤温度、土壤剖面水体同位素组成都得到了充分刻画，则利用Craig-Gordon模型估算的裸露土壤蒸发水汽的δ^{18}O与实测值具有很好的一致性。然而，模拟的裸露土壤蒸发水汽的δ^{18}O对蒸发区域的温度变化、蒸发区域的水汽δ^{18}O以及动力分馏因子都非常敏感。这些都会影响通过总蒸散通量分割蒸发量与蒸腾量的精度，选择不同的动力分馏因子公式或者假设稳定蒸腾/不稳定蒸腾，蒸腾量的估算结果都不同。这些发现首次提供了野外条件下，激光观测与基于Craig-Gordon模型模拟的蒸发水汽同位素组成的比较。这对于基于同位素分割土壤蒸发与植物蒸腾通量具有重要意义。Skrzypek等（2015）综合利用Craig-Gordon模型估算蒸发损失所需要的最新公式建立了一个同位素蒸发计算程序。这个程序逐步展示计算过程，使重复计算更加容易，同时评估了模型的主要不确定性来源。然后根据这个程序设计了Hydrocalculator软件，从而使基于同位素快速估算蒸发损失成为可能。他们指出，估算周围水汽同位素组成引起的不确定性是蒸发损失估算的主要不确定性来源。Gonfiantini等（2018）指出有很多变量包括水的同位素组成、温度、相对湿度、周围水汽同位素组成、水—汽交界面的扩散与混合，以及水的热力学活度都会影响蒸发水汽的氢氧同位素组成。先前的Craig-Gordon模型都是单独考虑各个变量，而他们提出一种新的统一的Craig-Gordon模型可以同时考虑各个控制海水或淡水蒸发的变量。

1.2.4 基于降水同位素的水汽来源研究

数值水汽示踪模拟（包括欧拉方法与水汽后向轨迹模拟方法）、分析模型和稳定同位素技术是研究水汽来源的3种比较成熟的方法（Winschall et al，2014；Gimeno et al，2012）。近年来，同位素技术在水汽来源研究中应用得日益广泛，并取得了大量有意义的成果（Li et al，2016a；Gao et al，2015；He et al，2015）。

不同来源的水体同位素值的差异使得利用氢氧稳定同位素研究水汽来源成为可能。利用降水中氢氧稳定同位素以及氘盈余的时空变化可以判断水汽输送轨迹。D-excess的物理意义可以表述为开放系统二相凝聚过程的瑞利分馏加上蒸发引起的氧稳定同位素的动力学分馏（顾慰祖，2011）。降水中氘盈余主要受水汽源区的海面温度、风速和相对湿度的影响（Uemura et al，2008）。云下二次蒸发和水汽再循环等因素都是影响降水中氢氧稳定同位素和d-excess的重要因素，在利用降水氢氧稳定同位素辨析水汽来源时应该综合考虑各方面因素（Pfahl & Sodemann，2014）。此外，同位素瑞利分馏模型也常用于水汽来源示踪（Dansgaard，1964）。在瑞利分馏公式中，降水同位素与气团中剩余水汽比以及水汽凝结温度有关。

1.2.5 基于水体稳定同位素的径流组分分割研究

利用水体氢氧稳定同位素信息进行流量过程线分割最早始于20世纪60年代（Linsley & Kohler，1958）。早期的流量过程线分割研究方法通常把过程线划分为快速流和慢速流两部分，快速流相当于河流径流，而慢速流相当于地下水。尽管这样的方法至今仍在用，但引起了广泛的争议（Beven，2001）。但不管怎么说，利用水体同位素将水文过程线分割为事件前水和事件水是流域水文学发展过程中的突破性进展，这种方法具有可监测、客观和基于水分子本身等传统分割方法所不具有的优点（Klaus & McDonnell，2013）。

Hubert等（1969）最先将放射性同位素——氚引入流量过程线分割。20世纪70年代后，氢氧稳定同位素也相继被引入（Hermann et al，1978）。截至目前，大多数研究都采用氢氧稳定同位素作为示踪剂。Pinder & Jones（1969）最早利用质量平衡法进行流量过程线分割。他们利用各种溶质的总量将总径流划分为直接径流和地下水两部分。事件前水和事件水充分混合是他们的理论基础。

最早用于流量过程线分割的质量平衡模型是二端元混合模型，这种二端元混合模型是基于5个基本假设条件的：一是事件前水和事件水的同位素组成不同；二是事件水的同位素组成在时空上是不变的，或变化可以量化；三是事件前水的同位素组成在时空上是不变的，或者变化可以量化；四是土壤水对径流的补给可以忽略，或者土壤水的同位素组成与地下水一致；五是地表积水对径流的补给可以忽略（Buttle，1994；Moore，1989）。随后，学者们发现，除了地下水和事件水对径流的补给外，其他成分对径流的补给也非常显著，其他端元逐渐被引入端元混合模型，发展成三端元混合模型乃至多端元混合模型（Hugenschmidt et al，2014）。三端元混合模型需要另一种示踪剂，通常是水化学示踪剂（Wels et al，1991），但有时是另一种稳定同位素（Rice & Hornberger，1998）。

尽管端元混合模型在流量过程线分割中应用广泛，但其5条假设条件的大部分都难以在现实环境中实现，这必然引起模拟的不确定性（吕玉香等，2010）。已有不少研究讨论了模型假设条件的不确定性（Klaus & McDonnell，2013）。因此，为了了解分割结果的可信性，有必要进行不确定性分析。Christophersen（1992）最早用一阶泰勒级数分析三水源分割模型的不确定性。Tipler（1994）用古典高斯误差传播技术定量研究了同位素流量过程线分割的不确定性。Genereux（1998）假定每个变量的不确定性是独立的，发展了端元混合模型的不确定性研究方法。Joerin（2002）把不确定性分为统计不确定性和模型不确定性，利用蒙特卡洛方法分析不确定性。Soulsby等（2003）利用贝叶斯统计方法和马尔科夫链—蒙特卡洛方法（Markov Chain-Monte Carlo，简称MC-MC）研究了目标成分混合分析法的不确定性。Delsman等（2013）利用普适似然不确定性估计法（Generalized Likelihood Uncertainty estimation，简称GLUE）研究了端元混合模型的不确定性。

1.2.6 天山水体同位素研究现状

天山稳定同位素研究开始于20世纪90年代，起步较晚。Watanabe等（1983）于1981年7月24日至8月13日对天山博格达峰和乌鲁木齐河源一号冰川的降水、积雪和冰川同位素进行了研究，得到了天山地区最早的降水与冰雪融水同位素组成数据（降水的平均δ^{18}O为-10‰～-11‰），并指出气温是控制降水δ^{18}O的主要因子，积雪和冰川的δ^{18}O低于降水的δ^{18}O。同年，天山北坡的乌鲁木齐纳入到全球大气降水同位素观测网络，成为天山地区首个降水同位素长期监测站点。随后，Yao（1999）研究发现，天山乌鲁木齐河流域降水中的δ^{18}O与表层气温呈正相关关系。Tian等（2007）基于氢氧稳定同位素开展了中国西部的水汽来源研究，表明天山地区水汽主要来源于西风。2010年之前，对天山水同位素的研究仍然非常稀少，且集中于观测条件较好的乌鲁木齐河流域，且早期的研究主要集中于研究同位素的时空变化。

2010年之后，随着同位素技术的发展，尤其是我国对同位素测量技术的普及，对天山水体同位素的研究在区域上和研究内容上都呈多元化发展。区域上，从乌鲁木齐河流域（Kong et al，2016，2012；Kong & Pang，2013；Sun et al，2016c，2015a，2015b；Feng et al，2013；Pang et al，2011）逐渐扩展到天山南坡的塔里木河流域（Fan et al，2016；Sun et al，2016b；Zhang et al，2013；Huang et al，2010）、开都河流域（Chen et al，2018；Wang et al，2014b）、黄水沟流域（Sun et al，2016b，2016c）、阿克苏河流域（Sun et al，2016a，2016b；Kong et al，2012）和东天山的榆树沟流域（Wang et al，2015b），乃至建立涵盖天山南北坡的降水监测网络（Wang et al，2018；2017；2016a；2016b；2015a）。研究内容上除了继续探究天山地区不同水体同位素的时空分布特征外（Wang et al，2018，2016a，2015a，2014；Sun et al，2015b；Feng et al，2013；Zhang et al，2013；Pang et al，2011），逐步开展径流组分分割研究（Chen et al，2018；Fan et al，2016；Sun et al，2016a，2016b，2016c，2015a；Kong et al，2012）、水汽来源与再循环水汽研究（Wang et al，2017，2016b；Liu et al，2015；Feng et al，2013；Kong & Pang，2013）、云下二次蒸发研究（Kong & Pang，2016；Wang et al，2016c）以及基于GCM的水汽同位素模拟研究

（Wang et al，2015b）。尽管研究内容与领域都扩展了，然而，很多研究是重复工作，对天山南北坡典型流域大规模的对比研究仍然不足，对冰雪融水对天山径流的贡献仍然了解不深入，对天山山区降水水汽来源仍然知之甚少。

1.3　研究内容、目标与技术路线

1.3.1　研究内容与目标

根据对天山南、北坡典型流域水体氢氧稳定同位素研究干旱区冰川流域水循环特征，具体研究内容有以下几个方面。

1.3.1.1　水环境同位素时空分布特征及其环境意义分析

通过分析天山南、北坡典型流域不同水体氢氧稳定同位素的时空分布特征，建立区域大气降水线和蒸发线。探究水体氢氧稳定同位素时空分布的环境意义。

1.3.1.2　蒸发对天山典型流域不同水体氢氧稳定同位素的影响

基于各水体氢氧稳定同位素与气象数据，结合不同同位素蒸发模型，定量估算蒸发对水体稳定同位素的影响。

1.3.1.3　天山地区典型流域径流分割

通过多端元混合模型，刻画不同径流组分的贡献率，并量化分析径流组分分割的不确定性来源。

1.3.1.4　天山地区典型流域降水水汽来源研究

利用降水稳定同位素辨析降水水汽来源，结合美国国家海洋和大气管理局大气资源实验室开发的混合单粒子拉格朗日积分轨迹模式（Hybrid Single-Particle Lagrangian Integrated Trajectory，简称HYSPLIT）进行验证。基于同位素质量平衡模型，估算再循环水汽对降水的贡献。

1.3.2　技术路线

技术路线如图1.2所示。

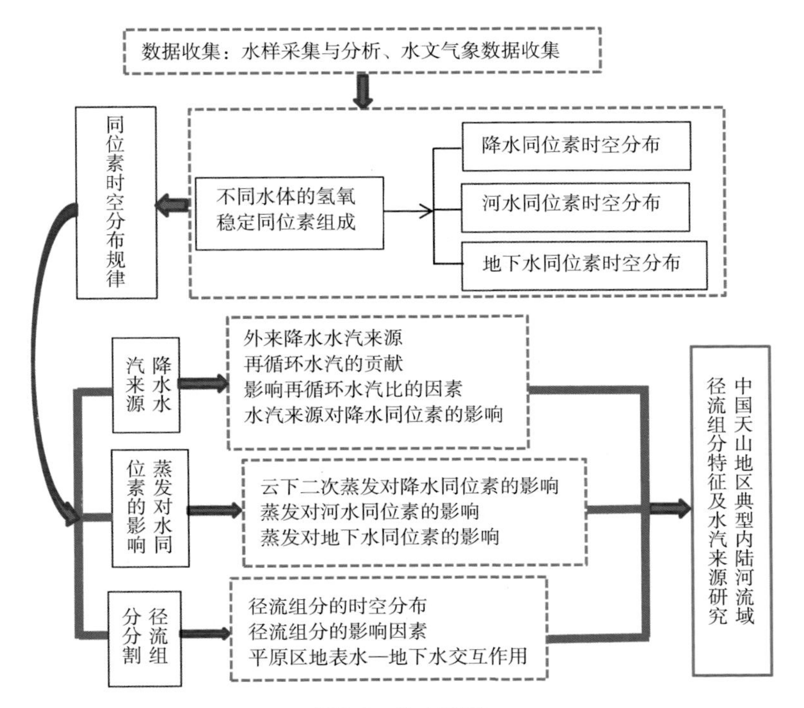
数据收集：水样采集与分析、水文气象数据收集
同位素时空分布规律
不同水体的氢氧稳定同位素组成
降水同位素时空分布
河水同位素时空分布
地下水同位素时空分布
降水水汽来源
外来降水水汽来源
再循环水汽的贡献
影响再循环水汽比的因素
水汽来源对降水同位素的影响
蒸发对水同位素的影响
云下二次蒸发对降水同位素的影响
蒸发对河水同位素的影响
蒸发对地下水同位素的影响
径流组分分割
径流组分的时空分布
径流组分的影响因素
平原区地表水—地下水交互作用
中国天山地区典型内陆河流域径流组分特征及水汽来源研究

图1.2　技术路线

第2章　研究区概况

2.1　天山概况

天山山系西起乌兹别克斯坦，经哈萨克斯坦和吉尔吉斯斯坦，东至中国新疆。东西长约2 500km，南北平均宽250 ~ 350km。山盆相间是天山地区最显著的地貌特征。

天山幅员辽阔，高差悬殊，垂直气候带分异明显，形成了不同的自然景观。天山山区1月气温最低，7月气温最高，气温日较差与年较差都很大。中国天山横贯中国新疆荒漠带，平均海拔4 000m，对西风水汽具有拦截抬升作用，是新疆降水量最大的区域。但降水量的空间分布极不均匀，北坡大于南坡，山区多于平原区，迎风坡多于背风坡。

天山山区冰川积雪广布，是天山大多数河流的发源地。据统计共有出山口河流373条，其中天山北坡251条，南坡122条，河流多数垂直于山脊发育，呈南北走向。河流径流量年际变幅小、季节变化幅度大，夏季占年径流量的50% ~ 70%。

天山气候环境的垂直分异决定了植被也有明显的垂直分异特征，随海拔升高依次为荒漠、草原、山地森林及高山草甸。而天山土壤也反映了相对完整的土壤垂直带谱结构（图2.1）。

2.2　乌鲁木齐河

乌鲁木齐河流域位于中国天山北坡中段，介于86°45′ ~ 87°56′E，43°00′ ~ 44°07′N。河流全长214km，流域总面积4 684km^2，出山口以上山区集水面

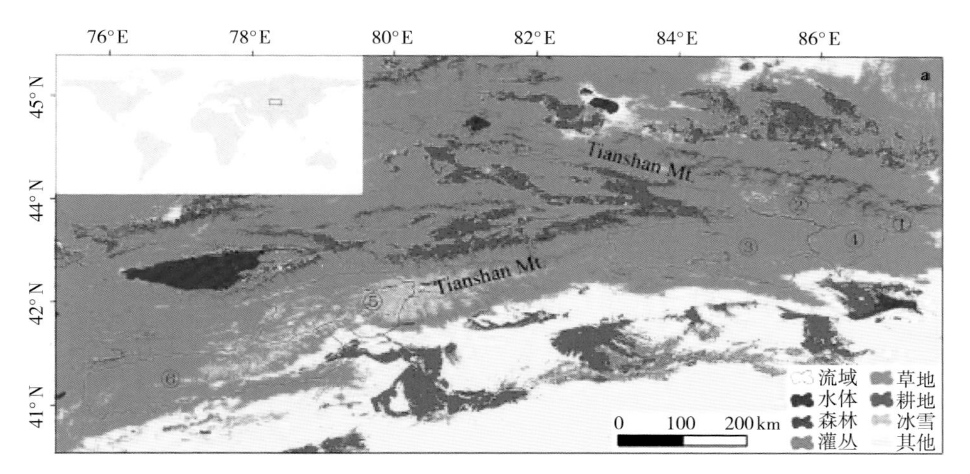

图2.1　中国天山土地利用

积924km^2，是新疆乌鲁木齐市工农业生产和城市生活用水的重要水源（Li et al，2012）。本试验主要研究英雄桥断面以上的山区流域（图2.2）。海拔3 600m以上的高山区为现代冰川发育区（Feng，2012）。据第二次冰川编目统计（Guo et al，2014），流域内共有冰川123条（图2.2），冰舌末端海拔为3 390 ~ 4 448m。

乌鲁木齐河流域的气候类型为典型的大陆性高山气候，冬季漫长，降水稀少而集中，山区降水多集中在6—8月（Pang et al，2011）。据大西沟气象站近30年的观测数据，6—8月的降水量占全年降水量的66.5%。山区气温随着海拔升高而降低，递减率以夏季最大，6月达到最大。高山区年平均气温的变化范围为-6.7 ~ -3.8℃，夏季平均气温为4.6℃，冬季平均气温为-14.2℃，一年内长达8个月时间的气温低于0℃，最冷月为1月，最热月为7月。

乌鲁木齐河发源于乌鲁木齐河源一号冰川，河源区径流主要受冰雪融水和降水混合补给，一般10月至翌年4月的降水为固态降水，此期间为河流封冻期；5月河流解冻，出现径流。随着夏季气温逐渐升高，河流径流逐渐增大，多在7月末出现最大径流量，8月过后气温降低，径流逐渐减少直至消失。乌鲁木齐河径流量与流域气温、降水的年内变化一致，20世纪90年代以来，乌鲁木齐河径流量呈显著的增加趋势（Feng et al，2012）。

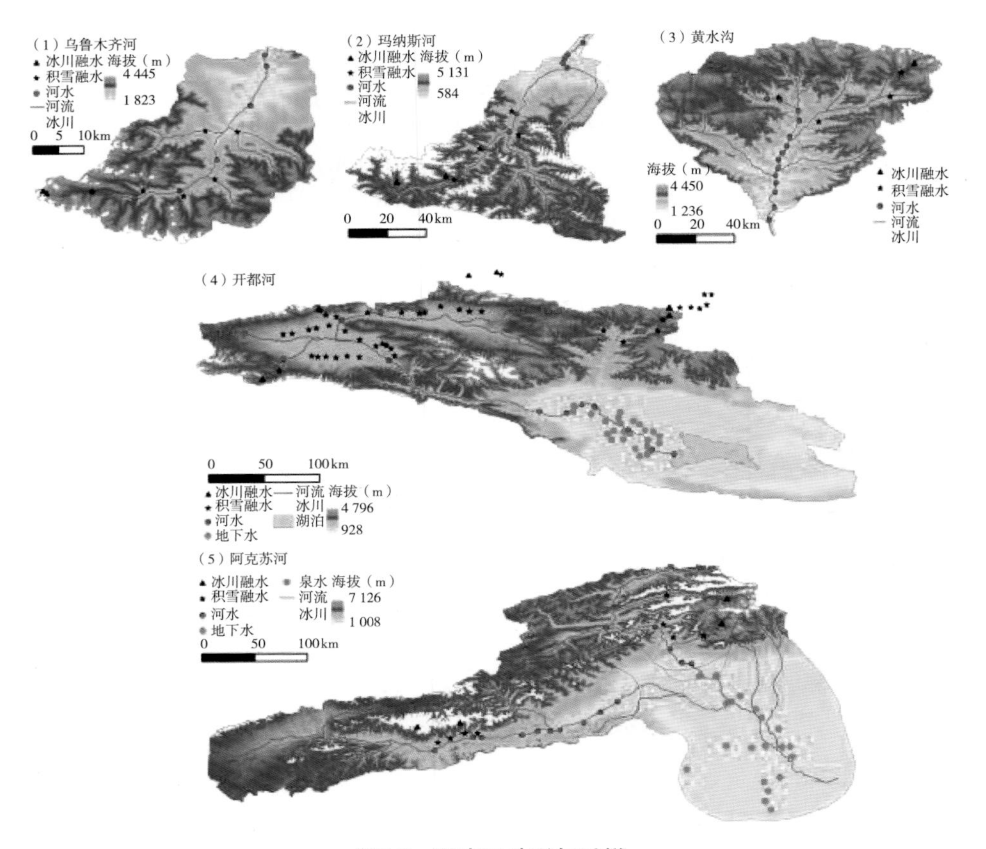

图2.2 研究区地形与采样

2.3 玛纳斯河

玛纳斯河流域位于中国天山北坡中段，准噶尔盆地南缘，处于北纬43°～46°，东经85°～87°。玛纳斯河是准噶尔盆地水量最大、流程最长的内陆河，源于天山北坡的依连哈比尔尕山脉，最终注入玛纳斯湖，河流全长324km，山区积水面积5 844km^2。但为了减少蒸发下渗损失，满足下游绿洲用水需求，目前，肯斯瓦特以下河道已经渠化，只在洪水期有部分河水从原河道下泄。流域内地势由东南向西北倾斜，最高海拔5 131m，最低582m，由南向北依次分别为山地、山前平原和沙漠三大地貌类型区。

海拔3 900m以上的高山区为永久冰雪覆盖区域，据中国科学院寒区旱区环境与工程研究所2014年版的《中国第二次冰川编目》统计，玛纳斯河拥有726条冰川，面积637.8km^2（图2.2），是玛纳斯河径流的主要补给源之一。玛纳斯河流域地表覆被具有典型的垂直地带分异性，自高海拔山区至下游平原区依次分布着高山垫状植被和地衣、高山草甸、云杉林、山地草原、荒漠草原以及平原区的绿洲和荒漠（图2.1）。

玛纳斯河流域的气候类型为典型的温带大陆性气候，气温与降水也具有典型的垂直带谱结构。年均温4.7～5.7℃，最高气温达43℃，最低气温为-42.8℃，年平均降水量115～200mm，降水的季节差异显著。春季降水占全年的34.8%，夏季占31.4%，秋季占21.9%，冬季占11.9%。

玛纳斯河为冰雪融水与降水混合补给型的河流，径流年际变化较小，年内分配集中，汛期集中于降水量和冰雪融水量都很丰沛的6—8月。玛纳斯河洪水特点是峰值高，流量大，持续时间长，发生时间集中。

流域内共有煤窑、肯斯瓦特、红山嘴和清水河子4个水文观测站，但由于肯斯瓦特以下河道渠化以及在清水河与玛纳斯河汇合处修建肯斯瓦特大坝，现已撤掉清水河子与红山嘴两个水文观测站。本试验只研究肯斯瓦特以上的目前与玛纳斯河有直接联系的山区区域（图2.2）。

2.4　开都河

开都河流域位于中国天山南坡，塔里木盆地北缘，介于42°14′～43°21′N，82°58′～86°05′E（图2.2）。河道全长560km，流域面积44 147km^2，海拔928～4 796m。流域地势自西北向东南倾斜，山盆相间，地形复杂。据中国科学院寒区旱区环境与工程研究所2014年版《中国第二次冰川编目》统计，在海拔4 000m以上发育着现代冰川818条，面积445.7km^2（图2.2），是开都河的重要补给源之一。区域内土壤植被类型多样，垂直地带性分异明显。

开都河发源于中天山南坡，干流上游河段先自东向西流，后自西北向东南流，先后经过小尤勒都斯盆地、巴音布鲁克、大尤勒都斯盆地和呼斯台西里，河段长约280km；河流中游段流经山区峡谷段，抵达大山口水文站（出山口断面），河道长约160km；大山口水文站以上山区积水面积为18 827km^2；大山口以下至博斯腾湖入湖口为开都河下游段，河长126km。

开都河下游段流经焉耆盆地，于博湖县的宝浪苏木分水枢纽处分为东、西两支，东支注入博斯腾湖大湖区，西支注入博斯腾湖小湖区。开都河源流区地形由西北向东南倾斜，致使地下水流向基本和地形坡降一致，埋深由北向南，由西向东，由深到浅。开都河为雨雪冰混合补给型河流，春季由季节性积雪融水补给，夏季受降水和冰川融水混合补给。

研究区的气候类型属温带大陆性气候。水汽受天山山脉的阻挡，整个流域气象特征在上、中、下游存在明显的差异，从半湿润到干旱气候均有分布，但以干旱、半干旱气候为主。据巴音布鲁克国家气象站（2 485m）的多年观测数据（1981—2010年），山区年均温为-4.2℃，春、夏、秋、冬四季的平均气温分别为-1.5℃、10.2℃、-2.4℃和-23.2℃，四季分明。≥10℃年积温为622.6℃，生长期短。极端最高气温和极端最低气温分别达28.3℃（1990年）和-48.1℃（1981年）。年平均降水量为280.5mm，最大年降水量达406.6mm（1999年），最少年降水量仅208.9mm（1995年），最大日降水量达38mm（1999年7月19日），降水主要集中于夏季，占全年降水量的68%。据焉耆国家气象站（1 055.3m）的多年观测数据（1981—2010年），平原区年均温为8.9℃，春、夏、秋、冬四季的平均气温分别为11.8℃、22.6℃、8.9℃和-7.7℃，四季分明。≥10℃年积温为3 664.8℃，生长期长。极端最高气温和极端最低气温分别达38.8℃（2000年，2006年）和-26.8℃（1996年）。年平均降水量为84.3mm，降水主要集中于夏季，占全年降水量的47.3%。

2.5 黄水沟

发源于中天山南坡的黄水沟，是典型的降水与冰雪融水混合补给的河流，处于85°55′～86°54′E，42°12′～43°09′N。黄水沟发源于高山冰川，最终注入博斯腾湖，出山口后的平原区是主要的径流耗散区。山区（出山口水文站—黄水沟水文站以上）集水面积约4 311km^2，流域最高海拔为4 398m，最低为1 047m。海拔3 600m以上的区域为终年积雪覆盖区（图2.2）。降水集中于6—8月，山区降水量大，平原区降水量小。流域内气候、植被与土壤的垂直带谱结构分异显著。由于流域内冰川面积小，径流的年际变化与年内变化都比较大。

2.6 阿克苏河

阿克苏河流域位于中国西天山南坡，塔里木盆地西北边缘，介于75°37′～81°07′E，40°07′～42°28′N（图2.2）。流域面积5.14×10^{4}km^2。阿克苏河的两大支流——托什干河与库玛拉克河在阿克苏市境内汇合后称为阿克苏河。阿克苏河在80°59′E、40°32′N的肖峡克处汇入塔里木河，是塔里木河水系中最大的长期供水支流。

阿克苏河流域地势西北高、东南低，植被与土壤垂直地带性分异显著。海拔4 000m以上的极高山带冰川广布；海拔3 000～4 000m的高山带分布着第四纪冰川痕迹和冰缘地貌；海拔2 300～3 000m的中山带是森林植被分布区，降水较充沛；海拔1 300～2 300m的低山丘陵带是荒漠戈壁分布区；海拔1 300m以下的山前冲积平原是绿洲和荒漠分布区，受人类活动影响最大。山区是阿克苏河的产流区，平原和盆地是径流的耗散区。

阿克苏河流域北部和西部被天山环绕，山区多地形雨，降水充沛，降水量随高度的降低而降低，年降水量从海拔2 650～3 500m的300～400mm降低至平原区的50mm左右。降水集中于夏季。平原区的年降水量虽小，但降水集中，夏季高强度的暴雨时有发生。

山区降水和冰雪融水是阿克苏河的主要径流补给来源。然而，随流域自然条件、降水形式和高程的变化，径流的补给形式具有差异性，如高山径流主要受冰雪融水补给，中低山地带则受多种补给来源混合补给，包括降雨、冰川融水、季节性积雪融水以及地下水。此外，阿克苏流域两大支流径流补给形式略有差异。

第3章　数据与方法

3.1　水文与气象数据

3.1.1　气象数据、GNIP站点数据、NCEP/NCAR数据与冰川积雪数据

气象数据、GNIP站点数据和NCEP/NCAR数据从相应的网站免费下载。气象数据从中国气象数据网（http://data.cma.cn/）下载；GNIP站点数据从国际原子能机构（IAEA）和世界气象组织（WMO）联合建立的全球降水同位素网（GNIP）（https://nucleus.iaea.org/wiser/gnip.php）下载；NCEP/NCAR数据从美国国家环境预报中心（NCEP）和美国国家大气研究中心（NCAR）联合发布的全球大气40年再分析资料共享网（http://www.esrl.noaa.gov/psd/data/reanalysis/reanalysis.shtml）下载，空间分辨率为1°×1°。积雪数据采用MODIS Terra MOD10A2积雪产品（https://modis.gsfc.nasa.gov/data/dataprod/mod10.php），空间分辨率为500m，时间分辨率为8天。冰川数据利用Landsat TM数据和Landsat 8 OLI/TIRS C1 Level-1数据（https://glovis.usgs.gov/app?fullscreen）结合第一期World Glacier Inventory（WGI）和Randolph Glacier Inventory（RGI6.0）数据解译得到。

3.1.2　径流数据

径流数据从各流域水文站获取。分别从乌鲁木齐河的英雄桥水文站、开都河的大山口水文站和宝浪苏木水文站、玛纳斯河的红沟和肯斯瓦特水文站、黄水沟的黄水沟水文站、阿克苏河的协和拉水文站和沙里桂兰克水文站获取水文数据。

3.2　野外调查、样品采集与分析

野外工作包括野外调查与样品采集两部分。选择天山中段南、北坡典型内陆河流域包括北坡的乌鲁木齐河、玛纳斯河，南坡的开都河，黄水沟和阿克苏河为靶区（图2.2）。具体野外调查与采样过程如下。

野外调查主要是在采样期间向当地居民了解水情、用水情况等。具体来说在山区向当地牧民了解当年牧草生长情况、用水问题（山区牧民一般就近取水，牧民用水的便利度可以反映山区降水和山区冰雪融水情况）、降水情况、当年转场的具体时间（转场时间的决定因素主要有两个：气温是首要因素，草场状况也是重要的影响因素）及其以上问题与往年的异同等。在平原区主要了解地下水井深度、出水位、水质、水量及其季节变化；种植结构（种植结构可以反映用水结构与用水量的变化）、水费收取方式等。

样品采集分两种方式进行，一种是流域尺度的地表水、地下水系统采样与调查。分春、夏、秋、冬4个季节对乌鲁木齐河、玛纳斯河、开都河、黄水沟和阿克苏河进行流域尺度的地表水、地下水采样与调查。地表水主要沿河流自上游山区向下游平原区采集河水、湖水和水库水。地下水主要沿河流下游绿洲区长轴方向采集，并辅以垂直于河流的剖面。同时，也采集山区出露的泉水。平原区地下水采样点选用了农用井和民用井，采样前洗井至少半小时，并保证不同层的地下水充分混合。地下水采样的同时调查井深、水位、水质、水量及其季节变化。春季融雪期采集各流域小溪流的水样作为季节性积雪融水样品。夏季7—8月，采集各流域发源于冰川的小溪流的水样作为冰川融水样品。为了采集最有代表性的季节性积雪融水和冰川融水的样品，必须保证采样前三天天气晴朗、气温接近同时期多年平均温。所有采样点利用手持GPS定位。另一种是定点长期观测取样。在各流域选择合适的站点长期定时监测取样。收集每次降水，同时于每月5号、10号、15号、20号、25号和每月最后一天采集河水样品。表3.1展示了各流域样品信息。

表3.1　各流域样品数量信息（个）

	降水	河水	地下水	积雪融水	冰川融水
乌鲁木齐河	—	24	—	7	11
玛纳斯河	217	160	—	10	8

（续表）

	降水	河水	地下水	积雪融水	冰川融水
开都河	—	91	231	21	17
黄水沟	—	41		4	3
阿克苏河	—	59	50	9	6

由于天山北坡的乌鲁木齐河下游与玛纳斯河下游河道已经渠化，正常情况下河水从没有渗透性的水渠通过，不存在河水与地下水的自然交互过程。因此，这里只采集了天山南坡的存在地表水与地下水自然交互过程的开都河与阿克苏河下游地下水以及开都河山区出露泉水和阿克苏河山前出露泉水样品。

不同的样品采集和处理方法存在差异。对于雨水样品，降水后立即将水样装入干净而干燥的5ml棕色玻璃瓶中。对于降雪样品，降雪前放一只干净而干燥的小桶于空旷的离地面1m的地方，降雪后立即将小桶内所有的雪装入密封袋，待雪样在室温下融化后和雨水样品一样装入干净而干燥的5ml棕色玻璃瓶中。对于冰川样品要避免只采集表层冰体，样品采集到50ml高密度聚乙烯瓶中，并立即密封，在室温下融化后再装入干净而干燥的5ml棕色玻璃瓶中。对于河水，取样时要注意避免采取表层水或河滩边的水，尽量采集河流中心线的、充分混合的、水面以下河水深度2/3处的水，最大限度地避免蒸发的影响。采样前先在采样点将采样瓶清洗至少3次，然后再采取样品。所有同位素样品都采集两个重复，样品采集后立即盖好瓶盖用封口膜封好，避免采样后受到蒸发的影响。所有样品都要带上PP手套采集，避免受到污染。对于采样时间，降水样品在降水事件后立即收集；地表水与地下水样品尽量在当地时间中午12时至下午2时之间采集；定点河水取样固定在当地时间12时采样。

所有同位素样品都保存在−18℃的低温环境中，分析之前两天才把它们放到2℃的环境中，使样品缓慢融化，从而最大限度地减少蒸发。并尽快在中国科学院新疆生态与地理研究所荒漠与绿洲生态国家重点实验室分析，所用仪器为Los Gatos Research Inc.开发的液态水同位素分析仪—LGR DLT-100，测量结果用δ值表示同位素含量。为了最大限度降低测量误差，每个样品测量3次，然后取平均值。如果3次结果存在显著差异，则将重复样品测量3次，从而得到误差最小的数据。δ值指样品中某元素的同位素比值（R）相对于标准水样同位素比值（RVSMOW）的千分偏差（Craig，1961b）。$\delta^{18}O$与$\delta^{2}H$的测量精度分别可达±0.1‰与±0.8‰。电导率在采样现场利用电导率仪测量。

野外采样所需材料包括5ml棕色玻璃采样瓶、自制防蒸发雨水收集装置（漏斗、小桶、固定小桶的支架、乒乓球、250ml高密度聚乙烯采样瓶）、收集降雪的小桶、封口膜、PP手套、冰镐、剪刀、绳子、卷尺、自制河水取样装置（1L广口塑料瓶、绳子）、野外保温箱、标签纸、油性记号笔、记录本、GPS、笔、电池、密封袋。

第4章　水环境同位素时空分布特征及其环境意义

4.1　降水同位素特征

4.1.1　降水同位素时空分布

图4.1、表4.1与表4.2展示了玛纳斯河流域大气降水同位素的时空分布特征。由于δ^2H的变化趋势与δ^{18}O的变化趋势很相似，为了避免重复，图4.1只展示了δ^{18}O与d-excess的月变化信息。2015年8月至2016年7月，红沟降水δ^{18}O的变化范围为−26.36‰～0.99‰，平均为−9.61‰；δ^2H的变化范围为−197.86‰～9.20‰，平均为−68.38‰；d-excess的变化范围为−15.05‰～22.25‰，平均为8.47‰。红沟的δ^{18}O和δ^2H都表现出冬季低，夏季高的季节变化特征。d-excess没有δ^{18}O和δ^2H一样显著的季节变化，但冬季d-excess的月内变化幅度小于其他季节。

2015年8月至2016年7月，肯斯瓦特降水δ^{18}O的变化范围为−24.47‰～6.18‰，平均为−7.27‰；δ^2H的变化范围为−184.13‰～27.66‰，平均为−49.74‰；d-excess的变化范围为−21.74‰～21.05‰，平均为8.40‰。肯斯瓦特降水的δ^{18}O和δ^2H也表现出冬半年高，夏半年低的季节变化特征，但季节变化幅度小于红沟降水，10月最低。2015年11月至2016年4月间，δ^{18}O和δ^2H比较稳定，δ^{18}O和δ^2H的平均值分别为−10.92‰和−75.40‰。d-excess的季节变化与红沟站一致，没有显著的季节变化特征，但夏半年的波动幅度大于冬半年。

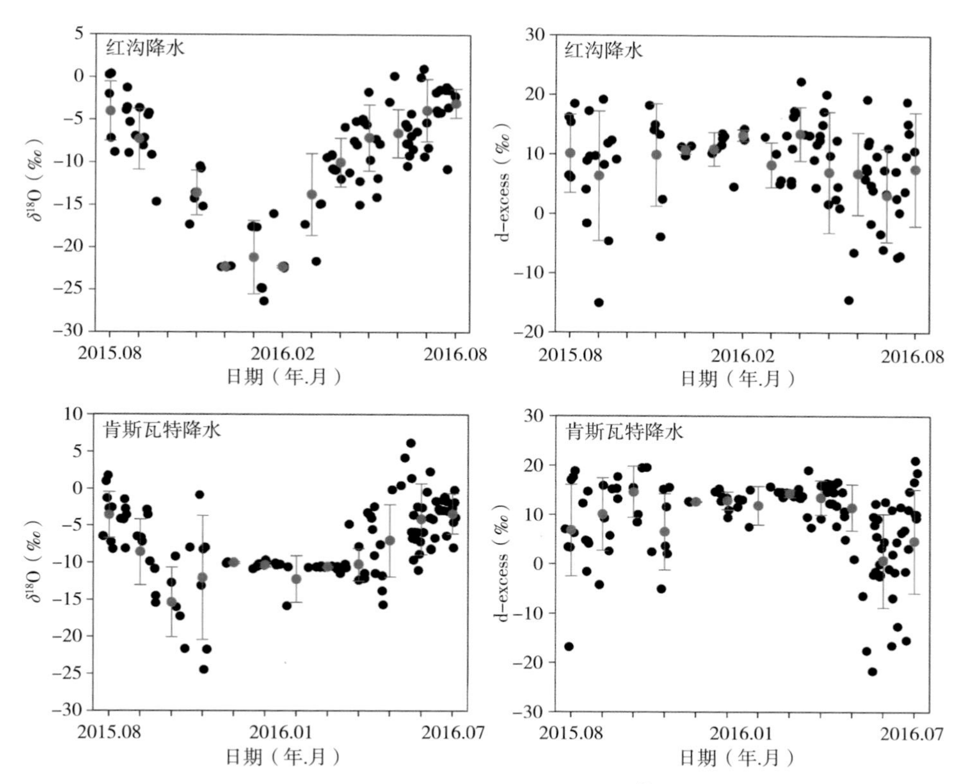

图4.1　2015年8月至2016年7月红沟与肯斯瓦特降水δ^{18}O与d-excess的月变化

表4.1　2015年8月至2016年7月红沟降水同位素

日期（年.月）	δ^{18}O（‰）			δ^{2}H（‰）			d-excess（‰）		
	最高	最低	平均	最高	最低	平均	最高	最低	平均
2015.08	0.39	−8.94	−4.03	9.20	−54.22	−22.17	18.48	−1.59	10.09
2015.09	−3.64	−14.65	−7.28	−24.13	−108.04	−51.92	19.18	−15.05	6.35
2015.11	−10.45	−17.30	−13.57	−70.27	−120.20	−98.68	18.20	−3.87	9.87
2015.12	−22.20	−22.37	−22.28	−166.35	−168.22	−167.49	11.41	9.72	10.78
2016.01	−16.03	−26.36	−21.19	−123.63	−197.86	−158.64	13.51	4.58	10.87
2016.02	−22.20	−22.45	−22.29	−164.98	−165.34	−165.17	14.29	12.45	13.19
2016.03	−9.09	−21.64	−13.77	−62.30	−162.99	−101.95	13.18	4.96	8.21
2016.04	−5.19	−14.99	−10.02	−33.51	−107.52	−66.72	22.25	4.42	13.43
2016.05	−1.73	−14.08	−7.12	−12.14	−100.29	−49.95	20.08	−14.48	6.98

（续表）

日期（年.月）	$\delta^{18}O$（‰）			$\delta^{2}H$（‰）			d-excess（‰）		
	最高	最低	平均	最高	最低	平均	最高	最低	平均
2016.06	0.14	−10.44	−6.59	−5.32	−64.24	−45.91	19.24	−6.44	6.78
2016.07	0.99	−10.77	−3.90	2.00	−67.34	−28.09	18.83	−7.25	3.14

表4.2 2015年8月至2016年7月肯斯瓦特降水同位素

日期（年.月）	$\delta^{18}O$（‰）			$\delta^{2}H$（‰）			d-excess（‰）		
	最高	最低	平均	最高	最低	平均	最高	最低	平均
2015.08	1.76	−8.21	−3.59	17.36	−50.43	−21.87	18.87	−16.86	6.82
2015.09	−2.87	−15.45	−8.61	−20.40	−110.42	−58.80	17.71	−4.24	10.08
2015.10	−9.21	−21.65	−15.36	−65.19	−153.66	−108.27	19.55	8.48	14.63
2015.11	−0.86	−24.47	−12.06	−11.91	−184.13	−89.98	15.59	−5.05	6.50
2015.12	−9.98	−10.15	−10.06	−67.24	−68.43	−67.84	12.74	12.58	12.66
2016.01	−9.69	−10.88	−10.31	−68.06	−72.30	−69.56	15.28	9.46	12.94
2016.02	−10.27	−15.83	−12.24	−69.04	−119.15	−86.02	15.11	7.52	11.91
2016.03	−10.48	−10.67	−10.59	−69.63	−70.67	−70.30	15.76	13.60	14.41
2016.04	−4.84	−12.34	−10.27	−31.33	−82.73	−68.68	19.07	7.40	13.50
2016.05	−0.12	−15.65	−7.05	0.02	−120.25	−44.89	16.68	1.00	11.49
2016.06	6.18	−11.05	−4.13	27.66	−90.57	−32.37	12.71	−21.74	0.70
2016.07	2.31	−8.24	−3.35	8.10	−71.99	−22.83	21.05	−16.54	3.97

红沟和肯斯瓦特降水$\delta^{18}O$和$\delta^{2}H$的年平均值都高于天山北坡的年平均降水同位素（−10.97‰，−76.49‰）。与天山山区降水$\delta^{18}O$和$\delta^{2}H$（−8.58‰，−56.88‰）的年平均值相比，红沟降水$\delta^{18}O$和$\delta^{2}H$的年平均值偏高，而肯斯瓦特偏低。红沟降水$\delta^{18}O$和$\delta^{2}H$的年均值与天山降水$\delta^{18}O$和$\delta^{2}H$（−9.03‰，−63.68‰）的年均值相近，而肯斯瓦特的$\delta^{18}O$和$\delta^{2}H$偏高（Wang et al，2016a）。高于乌鲁木齐河流域的后峡（海拔2 100m，−7.9‰，−55.4‰）与高山站（海拔3 545m，−7.7‰，−53.6‰）的降水$\delta^{18}O$和$\delta^{2}H$（Pang et al，2011），但低于英雄桥（海拔1 879m，−14.61‰，−111.28‰）（Sun et al，2015b）。与降水同位素分布呈逆海拔效应的乌鲁木齐河流域相比（Kong & Pang，2016），玛纳斯河流域降水$\delta^{18}O$和$\delta^{2}H$整体随海拔升高而降低。

d-excess反映了水汽来源的湿度、温度等特征，同一区域，相近的d-excess表明相同的水汽来源（Gat，1996；Dansgaard，1964）。尽管肯斯瓦特降水δ^{18}O和δ^{2}H的平均值高于红沟降水，两地的平均d-excess极为接近（图4.1），表明两地的水汽来源一致。而两地的d-excess都低于10‰，表明内陆再循环水汽对当地降水具有重要的贡献（Guo et al，2017；Kong et al，2013；Froehlich et al，2008）。云下二次蒸发会降低降水的d-excess值，尤其是干旱区（Kong et al，2013；Froehlich et al，2008）。而蒸发强度主要受雨滴降落过程所经过的大气相对湿度以及周围大气水汽的氢氧同位素影响（Jeelani et al，2018）。除了冬季，红沟和肯斯瓦特都有一些降水的d-excess为负值。冬季也有一些降水的d-excess值低于10‰，这可能归因于水汽来源以及水汽输送距离（Guo et al，2017）。

4.1.2　降水同位素的环境效应

表4.3列出了气温、降水、相对湿度和水汽压与玛纳斯河流域降水同位素的相关性。玛纳斯河流域降水δ^{18}O与降水量没有显著的相关关系。与气温/水汽压呈正相关关系，与相对湿度呈负相关关系，且都通过了0.01显著性检验。

红沟站的降水δ^{18}O与气温的回归系数（0.71‰/℃）高于中国西北干旱区（0.37‰/℃；Liu et al，2014）、中国（0.36‰/℃；顾慰祖，2011）以及中高纬度地区（0.55‰/℃；Rozanski et al，1993）的平均水平。也高于同样位于天山北坡的乌鲁木齐河流域的后峡（0.52‰/℃）与高山站（0.56‰/℃）（Pang et al，2011）。但低于天山地区（0.78‰/℃；Wang et al，2016c）的平均水平。海拔较低的肯斯瓦特站的降水δ^{18}O与气温的回归系数（0.28‰/℃）远低于红沟站。基于两站所有数据建立的降水δ^{18}O与气温的回归系数（0.41‰/℃）介于红沟站与肯斯瓦特站之间。

玛纳斯河流域降水δ^{18}O与降水量没有显著的相关关系，这与中国西北干旱区（Liu et al，2014）及天山地区（Wang et al，2016c）相似。降水δ^{18}O与相对湿度的回归系数（−0.26‰/%～−0.16‰/%）接近天山山区（−0.41‰/%～−0.16‰/%；Wang et al，2016c）。降水δ^{18}O与水汽压的回归系数（0.45‰/hPa～0.81‰/hPa）低于天山山区（1.04‰/hPa～2.81‰/hPa；Wang et al，2016c）的平均水平。

表4.3　2015年8月至2016年7月玛纳斯河流域降水$\delta^{18}O$与同期气温、降水、相对湿度和水汽压的回归系数与相关系数

要素	气温		降水		相对湿度		水汽压	
	S(‰/℃)	r	S(‰/mm)	r	S(‰/%)	r	S(‰/hPa)	r
红沟	0.71 ± 0.04	0.90**	−0.17 ± 0.11	0.15	−0.26 ± 0.04	0.82**	0.8.1 ± 0.57	0.82**
肯斯瓦特	0.28 ± 0.03	0.61**	−0.14 ± 0.08	0.17	−0.16 ± 0.03	0.46**	0.45 ± 0.54	0.61**
All	0.41 ± 0.03	0.73**	−0.16 ± 0.07	0.16	−0.21 ± 0.02	0.50**	0.61 ± 0.42	0.71**

注：**通过0.01水平的显著性检验。All代表流域所有样品

4.1.3　大气降水线

基于最小二乘法，根据红沟和肯斯瓦特站2015年8月至2016年7月各次降水δ^{18}O和δ^2H，建立了红沟和肯斯瓦特的当地降水线（LMWL），分别为δ^2H=7.57δ^{18}O+4.37和δ^2H=7.03δ^{18}O+1.33（图4.2）。

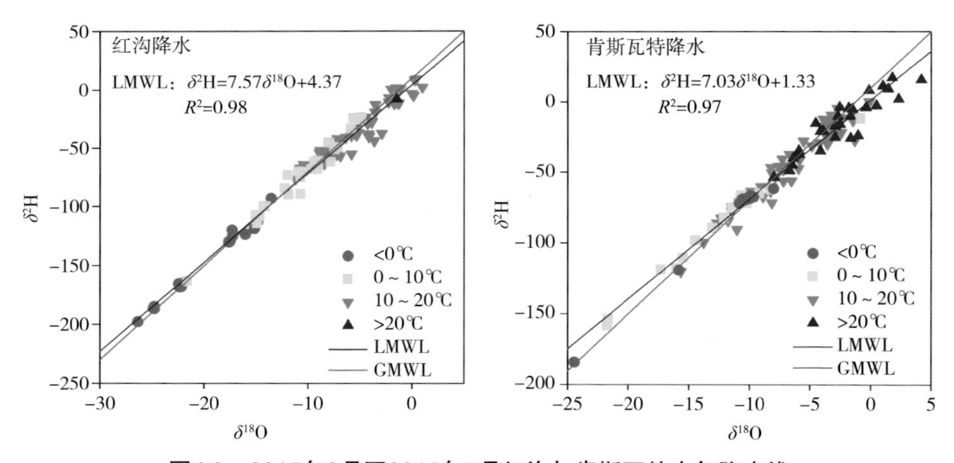

图4.2　2015年8月至2016年7月红沟与肯斯瓦特大气降水线

雨滴下落过程所经历的大气相对湿度是影响云下二次蒸发的主要因素，当云下二次蒸发显著时，局地大气降水线的斜率低于8（Breitenbach et al，2010）。红沟和肯斯瓦特的降水线的斜率和截距都低于全球大气降水线（GMWL：δ^2H=8δ^{18}O+10；Craig，1961a），表明森林带和草原带的降水同

位素都受到了云下蒸发的影响；肯斯瓦特的斜率和截距比红沟的更小，表明低山草原带的降水同位素比森林带降水同位素受云下二次蒸发的影响更大。红沟站与肯斯瓦特站的LMWL与天山（7.36）及天山北坡（7.51）的LMWL相近，与乌鲁木齐河流域（7.07）也非常接近，表明玛纳斯河流域的降水水汽来源及运移过程与天山北坡相似（Wang et al，2016a；Sun et al，2015b；Pang et al，2011）。也接近于中国大气降水线（$\delta^2H=7.48\delta^{18}O+1.01$；Liu et al，2014）与中国西北干旱区大气降水线（$\delta^2H=7.42\delta^{18}O+1.38$；Liu et al，2009）。

4.2　河水同位素特征

4.2.1　河水同位素时空特征与环境效应

4.2.1.1　乌鲁木齐河

图4.3展示了乌鲁木齐河流域2015—2016年河水同位素的时空分布特征。2016年4月底，乌鲁木齐河河水$\delta^{18}O$的变化范围为-10.38‰～-9.30‰，δ^2H的变化范围为-68.40‰～-60.72‰，d-excess的变化范围为13.05‰～14.62‰。2015年5月底，河水$\delta^{18}O$的变化范围为-10.08‰～-9.31‰，δ^2H的变化范围为-66.64‰～-60.59‰，d-excess的变化范围为13.92‰～16.09‰。2015年7月底，河水$\delta^{18}O$的变化范围为-9.44‰～-8.60‰，δ^2H的变化范围为-59.98‰～-56.61‰，d-excess的变化范围为12.16‰～15.55‰。2015年10月中旬，河水$\delta^{18}O$的变化范围为-9.75‰～-9.39‰，δ^2H的变化范围为-60.50‰～-59.45‰，d-excess的变化范围为15.21‰～18.14‰。河水$\delta^{18}O$与δ^2H春季低，夏季高。d-excess秋季最高，春夏两季没有显著的差异。

春季，乌鲁木齐河河水$\delta^{18}O$与δ^2H随海拔升高而降低；夏季，河水$\delta^{18}O$与δ^2H随海拔升高而升高；秋季，海拔2 200m以下，河水$\delta^{18}O$与δ^2H随海拔升高而升高，海拔高于2 200m之后，河水$\delta^{18}O$与δ^2H随海拔升高没有显著变化。秋季，d-excess随海拔升高而降低，尤其是海拔2 000m以下下降幅度较大。其他季节，没有显著的变化趋势。

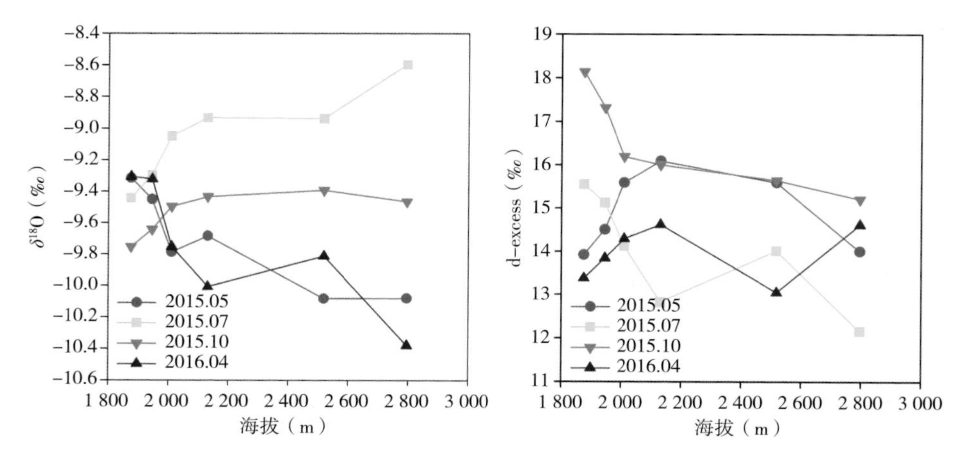

图4.3　乌鲁木齐河河水同位素与海拔的关系

4.2.1.2　玛纳斯河

表4.4、表4.5与图4.4展示了玛纳斯河流域2015年8月至2016年7月河水同位素的时空变化。红沟站河水δ^{18}O的变化范围为−11.78‰～−9.94‰，平均值为−10.69‰；δ^{2}H的变化范围为−83.29‰～−64.08‰，平均值为−71.45‰；d-excess的变化范围为10.06‰～19.27‰，平均值为14.04‰。肯斯瓦特站河水δ^{18}O的变化范围为−11.85‰～−9.69‰，平均值为−10.54‰；δ^{2}H的变化范围为−76.92‰～−64.65‰，平均值为−70.48‰；d-excess的变化范围为10.23‰～21.35‰，平均值为13.87‰。与肯斯瓦特站相比，尽管红沟河水δ^{18}O与δ^{2}H略低，d-excess略高，但差别都不显著，表明玛纳斯河河水同位素的海拔效应被其他因素抵消了。玛纳斯河流域河水δ^{18}O与δ^{2}H春夏季低，秋冬季高，11—12月最高；d-excess夏季高，冬季低。

表4.4　2015年8月至2016年7月红沟河水同位素各月特征值

日期（年.月）	δ^{18}O（‰）			δ^{2}H（‰）			d-excess（‰）		
	最高	最低	平均	最高	最低	平均	最高	最低	平均
2015.08	−10.78	−11.59	−11.07	−69.08	−77.40	−72.06	17.65	15.28	16.50
2015.09	−10.55	−11.04	−10.81	−69.27	−72.06	−70.87	16.63	13.44	15.61
2015.10	−10.23	−10.87	−10.59	−67.51	−70.33	−69.01	19.27	13.22	15.68
2015.11	−10.06	−10.54	−10.40	−67.76	−70.87	−69.62	14.21	12.69	13.56
2015.12	−10.32	−10.62	−10.44	−69.58	−70.92	−70.09	14.03	12.96	13.46

（续表）

日期（年.月）	$\delta^{18}O$（‰）			$\delta^{2}H$（‰）			d-excess（‰）		
	最高	最低	平均	最高	最低	平均	最高	最低	平均
2016.01	−10.18	−10.92	−10.59	−70.82	−74.15	−71.94	14.14	10.56	12.77
2016.02	−10.00	−10.87	−10.54	−67.06	−72.92	−71.20	14.93	11.19	13.09
2016.03	−10.29	−10.67	−10.51	−69.61	−72.26	−71.03	14.17	12.20	13.03
2016.04	−10.56	−10.86	−10.70	−70.83	−72.96	−71.72	14.40	13.10	13.90
2016.05	−10.62	−11.03	−10.77	−71.68	−73.82	−72.58	14.40	13.19	13.62
2016.06	−10.73	−11.78	−11.31	−75.50	−83.29	−78.37	13.87	10.06	12.08
2016.07	−9.94	−11.34	−10.66	−64.08	−76.80	−71.00	15.46	13.66	14.31

表4.5　2015年8月至2016年7月肯斯瓦特河水同位素各月特征值

日期（年.月）	$\delta^{18}O$（‰）			$\delta^{2}H$（‰）			d-excess（‰）		
	最高	最低	平均	最高	最低	平均	最高	最低	平均
2015.08	−10.52	−11.85	−11.06	−68.75	−73.93	−71.75	21.35	15.05	16.75
2015.09	−10.39	−10.90	−10.63	−69.04	−70.69	−70.07	16.49	13.91	14.99
2015.10	−9.75	−10.57	−10.27	−67.33	−70.65	−69.45	14.00	10.68	12.71
2015.11	−10.11	−10.68	−10.29	−68.51	−70.04	−69.11	15.85	12.16	13.21
2015.12	−9.69	−10.27	−9.90	−64.65	−68.79	−67.29	13.37	10.23	11.93
2016.01	−10.32	−10.79	−10.54	−68.97	−70.70	−69.89	17.37	12.92	14.47
2016.02	−10.48	−10.61	−10.54	−69.46	−70.90	−70.21	14.40	13.95	14.13
2016.03	−10.35	−10.56	−10.44	−69.44	−70.29	−69.97	14.40	12.97	13.59
2016.04	−10.64	−10.84	−10.75	−71.55	−72.33	−71.89	14.58	13.39	14.11
2016.05	−10.28	−10.54	−10.45	−70.26	−71.26	−70.74	13.30	11.97	12.86
2016.06	−10.46	−11.27	−10.92	−70.89	−76.92	−74.26	13.34	12.78	13.08
2016.07	−10.58	−11.23	−10.77	−69.01	−75.97	−71.71	15.62	13.84	14.45

表4.6展示了玛纳斯河水$\delta^{18}O$与采样前5天平均气温、总降水量、平均相对湿度、平均气压以及平均水汽压的相关性。河水$\delta^{18}O$与取样前5天总降水量没有显著的相关关系；与取样前5天平均气温和平均水汽压呈显著的负相关关系；与取样前5天平均相对湿度和平均气压呈正相关关系，但相关系数都非常小，表明玛纳斯河河水同位素受气象条件的影响很小。

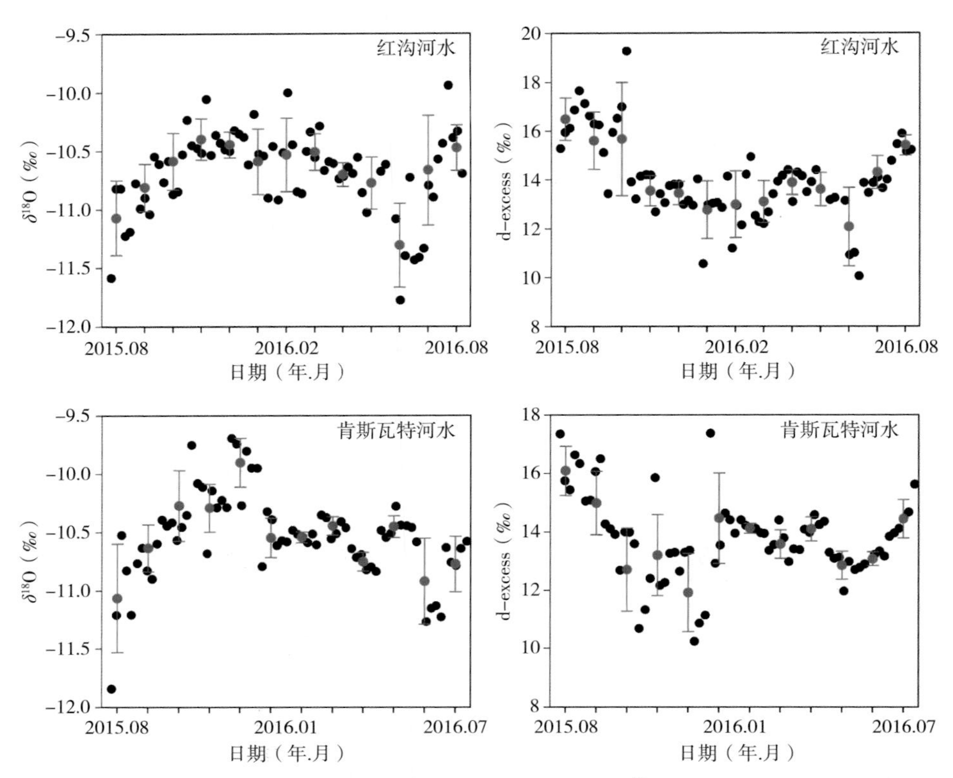

图4.4　2015年8月至2016年7月红沟与肯斯瓦特河水δ^{18}O与d-excess的月变化

表4.6　2015年8月至2016年7月玛纳斯河流域河水δ^{18}O与同期气温、降水、相对湿度和水汽压的回归系数与相关系数

	气温		降水		相对湿度	
	S(‰/℃)	*r*	*S*(‰/mm)	*r*	*S*(‰/%)	*r*
红沟	−0.02 ± 0.01	0.40**	−0.01 ± 0.01	0.10	0.01 ± 0.01	0.28*
肯斯瓦特	−0.02 ± 0.01	0.39**	−0.00 ± 0.01	0.04	0.02 ± 0.00	0.47**
All	−0.02 ± 0.00	0.39**	−0.01 ± 0.01	0.07	0.01 ± 0.00	0.37**
	气压		水汽压			
	S(‰/hPa)	*r*	*S*(‰/hPa)	*r*		
红沟	0.03 ± 0.01	0.37**	−0.04 ± 0.01	0.39**		
肯斯瓦特	0.03 ± 0.01	0.38**	−0.04 ± 0.01	0.44**		
All	0.03 ± 0.01	0.38**	−0.04 ± 0.01	0.41**		

注：**通过0.01水平的显著性检验。All代表流域所有样品

4.2.1.3 开都河

图4.5展示了开都河流域河水同位素的时空分布。春季，山区河水δ^{18}O的变化范围为−15.59‰～−11.54‰，平均值为−13.23‰；δ^{2}H的变化范围为−112.59‰～−79.54‰，平均值为−92.23‰；d-excess的变化范围为11.37‰～15.82‰，平均值为13.64‰。盆地河水δ^{18}O的变化范围为−12.62‰～−11.41‰，平均值为−11.88‰；δ^{2}H的变化范围为−82.36‰～−78.95‰，平均值为−80.40‰；d-excess的变化范围为12.26‰～18.63‰，平均值为14.60‰。

夏季，山区河水δ^{18}O的变化范围为−13.25‰～−9.18‰，平均值为−10.49‰；δ^{2}H的变化范围为−90.08‰～−57.11‰，平均值为−67.98‰；d-excess的变化范围为9.07‰～19.38‰，平均值为15.94‰。盆地河水δ^{18}O的变化范围为−9.72‰～−9.41‰，平均值为−9.58‰；δ^{2}H的变化范围为−62.93‰～−60.31‰，平均值为−62.09‰；d-excess的变化范围为13.47‰～15.64‰，平均值为14.53‰。

秋季，山区河水δ^{18}O的变化范围为−13.32‰～−8.61‰，平均值为−10.68‰；δ^{2}H的变化范围为−90.39‰～−52.41‰，平均值为−70.36‰；d-excess的变化范围为9.56‰～16.61‰，平均值为15.09‰。盆地河水δ^{18}O的变化范围为−10.50‰～−9.78‰，平均值为−9.93‰；δ^{2}H的变化范围为−69.11‰～−63.56‰，平均值为−64.91‰；d-excess的变化范围为14.22‰～15.24‰，平均值为14.57‰。

冬季，山区河水冻结。盆地河水δ^{18}O的变化范围为−11.39‰～−9.55‰，平均值为−10.56‰；δ^{2}H的变化范围为−73.32‰～−68.03‰，平均值为−70.36‰；d-excess的变化范围为7.81‰～17.83‰，平均值为14.13‰。

对比山区与盆地河水，山区河水δ^{18}O与δ^{2}H低于盆地河水，且山区河水δ^{18}O与δ^{2}H变幅远大于盆地河水。春季，山区河水d-excess与盆地河水平均值接近，但盆地河水变幅更大。夏、秋两季山区河水d-excess高于盆地河水，且山区河水d-excess变幅更大。

从季节上看，春季河水δ^{18}O与δ^{2}H平均值最低，夏、秋、冬三季河水δ^{18}O与δ^{2}H平均值变化很小。春季山区河水d-excess低于夏、秋两季山区河水d-excess。盆地河水d-excess的季节变化很小。

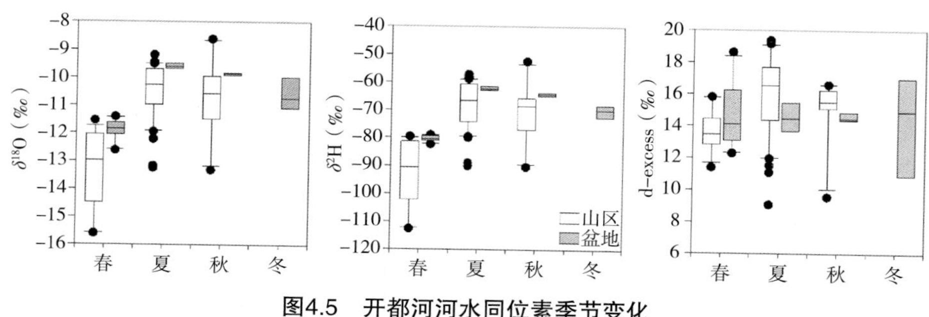

图4.5 开都河河水同位素季节变化

开都河流域河水同位素没有显著的海拔效应（图4.6）。这与开都河流域独特的地理环境有关。开都河山区是山盆相间的地形，河流先后流经小尤尔都斯盆地和大尤尔都斯盆地，在盆地内，河流蜿蜒曲折，流速缓慢，河水在盆地内的滞留时间长，受蒸发的影响大。流出大尤尔都斯盆地之后，在山间峡谷区，河流湍急，河水在河道的滞留时间短，河水能够快速流经出山口。因此，河水在海拔落差大的山间峡谷区受蒸发影响小，河水同位素的海拔效应被抵消。

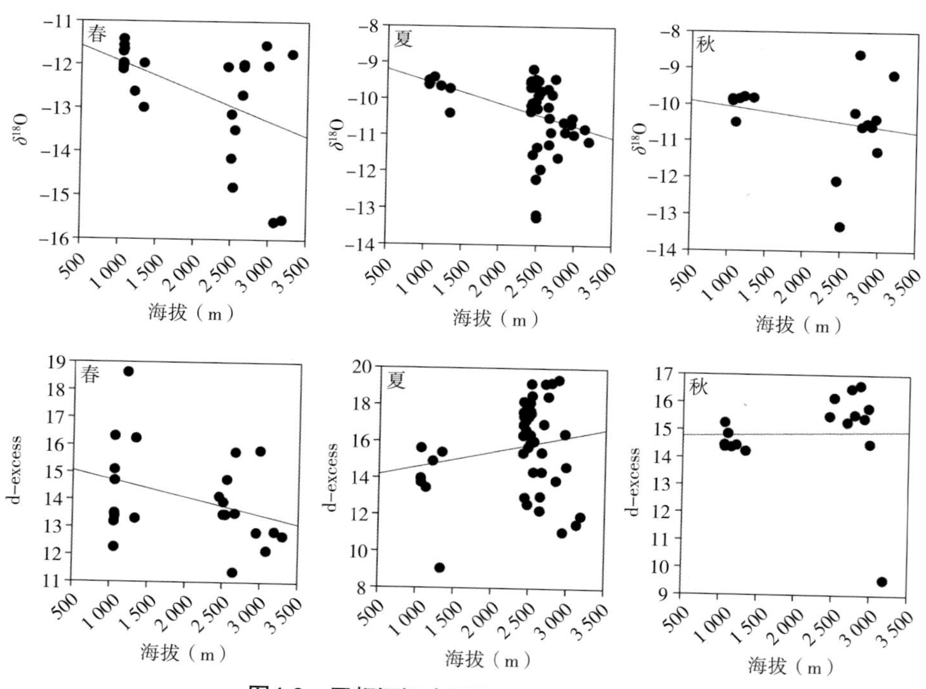

图4.6 开都河河水同位素与海拔的关系

4.2.1.4　黄水沟

图4.7展示了黄水沟河水同位素的时空分布。春季，河水δ^{18}O的变化范围为−17.94‰～−9.34‰，平均值为−11.19‰；δ^{2}H的变化范围为−132.96‰～−62.08‰，平均值为−77.26‰；d-excess的变化范围为6.52‰～15.76‰，平均值为12.29‰。夏季，河水δ^{18}O的变化范围为−14.30‰～−8.00‰，平均值为−11.04‰；δ^{2}H的变化范围为−99.08‰～−51.32‰，平均值为−74.85‰；d-excess的变化范围为8.25‰～16.76‰，平均值为13.26‰。秋季，河水δ^{18}O的变化范围为−11.79‰～−9.27‰，平均值为−10.25‰；δ^{2}H的变化范围为−81.88‰～−59.65‰，平均值为−68.45‰；d-excess的变化范围为11.56‰～15.24‰，平均值为13.52‰。冬季，河水δ^{18}O的变化范围为−9.91‰～−9.90‰，平均值为−9.91‰；δ^{2}H的变化范围为−63.85‰～−63.04‰，平均值为−63.45‰；d-excess的变化范围为15.44‰～16.16‰，平均值为15.80‰。

从季节变化来看，黄水沟河水δ^{18}O、δ^{2}H与d-excess平均值随季节更替逐渐升高。但河水δ^{18}O与δ^{2}H的变化幅度随季节更替逐渐减小；河水的d-excess的变化幅度夏季最大，春季次之，冬季最小。

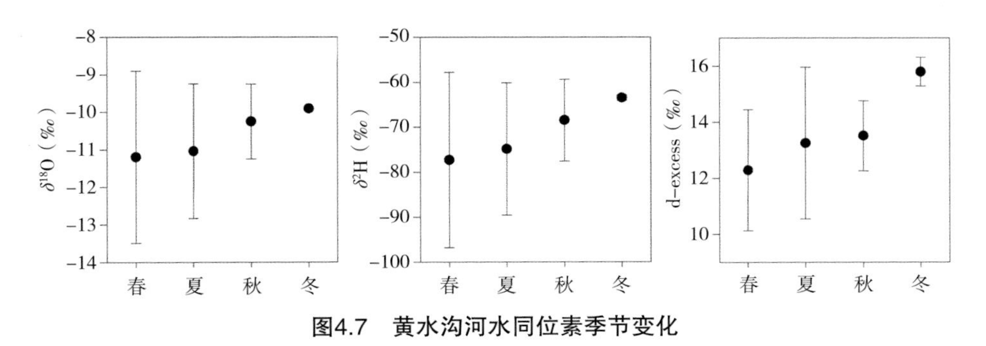

图4.7　黄水沟河水同位素季节变化

黄水沟流域春、夏、秋季河水δ^{18}O与d-excess都随海拔升高而降低（图4.8）。春季，海拔每升高100m，δ^{18}O降低0.31‰，d-excess降低0.25‰；夏季，海拔每升高100m，δ^{18}O降低0.25‰，d-excess降低0.35‰；秋季，海拔每升高100m，δ^{18}O降低0.14‰，d-excess仅降低0.02‰。

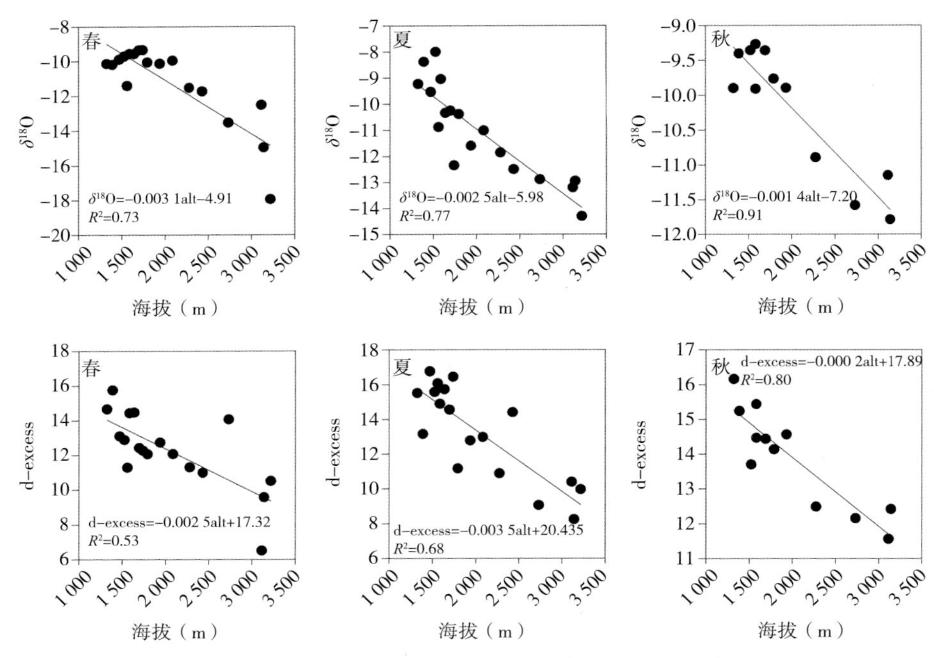

图4.8　黄水沟河水同位素与海拔的关系

4.2.1.5　阿克苏河

图4.9展示了托什干河河水同位素的季节变化。春季，河水δ^{18}O的变化范围为-10.88‰～-9.12‰，平均值为-10.35‰；δ^{2}H的变化范围为-70.23‰～-60.36‰，平均值为-67.62‰；d-excess的变化范围为12.61‰～16.84‰，平均值为15.18‰。夏季，河水δ^{18}O的变化范围为-10.42‰～-8.50‰，平均值为-9.44‰；δ^{2}H的变化范围为-68.26‰～-49.29‰，平均值为-59.08‰；d-excess的变化范围为15.06‰～18.69‰，平均值为16.46‰。秋季，河水δ^{18}O的变化范围为-10.18‰～-7.78‰，平均值为-9.10‰；δ^{2}H的变化范围为-58.83‰～-44.24‰，平均值为-54.83‰；d-excess的变化范围为17.96‰～22.58‰，平均值为17.97‰。

从季节上看，托什干河河水δ^{18}O、δ^{2}H与d-excess随季节更替而逐渐升高。δ^{18}O与δ^{2}H的变化幅度也随季节更替逐渐变大。d-excess的变化幅度在夏季最小。

从空间上看，尽管河水δ^{18}O与δ^{2}H在春、夏、秋三季都表现出随海拔升高而上升的趋势，但变化趋势都不显著；河水d-excess也没有显著的变化趋势（图4.10）。这是因为托什干河河流流程长，但落差小，海拔效应被抵消。

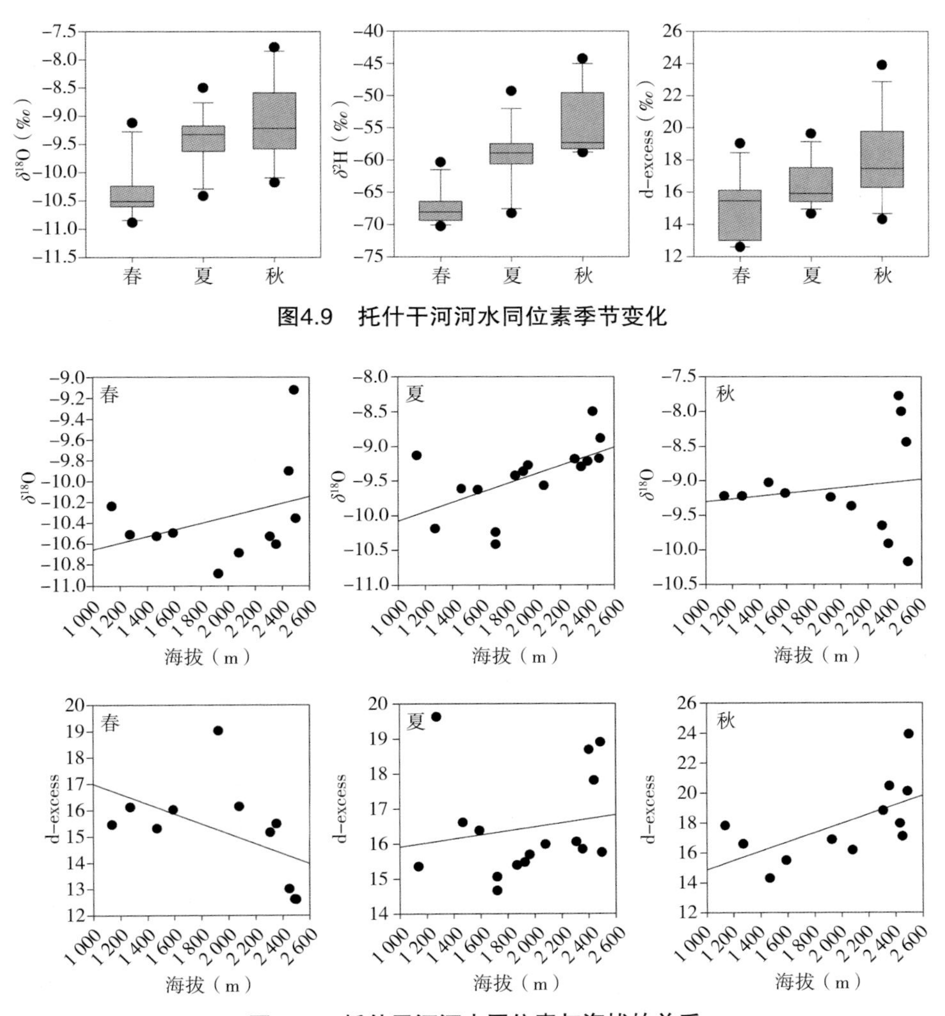

图4.9 托什干河河水同位素季节变化

图4.10 托什干河河水同位素与海拔的关系

图4.11展示了库玛拉克河河水同位素的季节变化。春季，河水$\delta^{18}O$的变化范围为−11.64‰～−11.29‰，平均值为−11.45‰；δ^2H的变化范围为−77.12‰～−74.39‰，平均值为−75.45‰；d-excess的变化范围为15.95‰～16.12‰，平

均值为16.04‰。夏季，河水$\delta^{18}O$的变化范围为-11.38‰～-10.82‰，平均值为-11.14‰；$\delta^{2}H$的变化范围为-74.35‰～-73.67‰，平均值为-74.06‰；d-excess的变化范围为12.90‰～16.66‰，平均值为15.08‰。秋季，河水$\delta^{18}O$的变化范围为-11.64‰～-10.36‰，平均值为-11.05‰；$\delta^{2}H$的变化范围为-77.12‰～-64.77‰，平均值为-71.98‰；d-excess的变化范围为16.04‰～18.09‰，平均值为16.41‰。

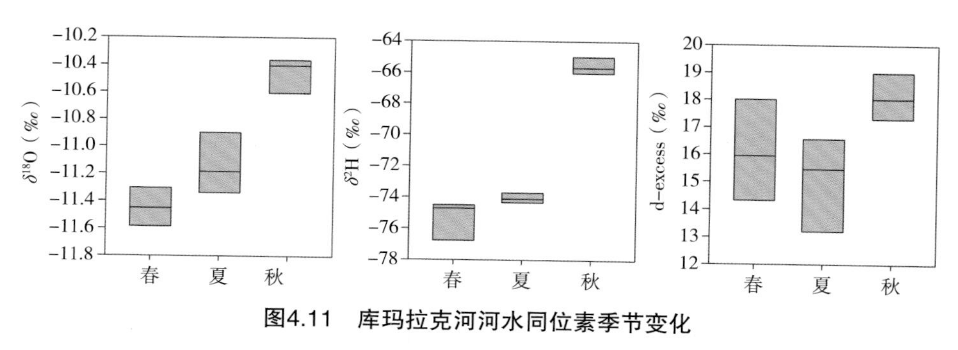

图4.11 库玛拉克河河水同位素季节变化

从季节上看，库玛拉克河河水$\delta^{18}O$与$\delta^{2}H$随季节更替逐渐升高。尤其是秋季，河水$\delta^{18}O$与$\delta^{2}H$显著高于春、夏季。d-excess夏季低、秋季高。

天山南北坡河水同位素没有显著差异。天山北坡河水$\delta^{18}O$、$\delta^{2}H$与d-excess的平均值分别为-10.29‰、-68.11‰和14.21‰。天山南坡河水$\delta^{18}O$、$\delta^{2}H$与d-excess的平均值分别为-10.63‰、-69.94‰和15.08‰。

4.2.2 河水蒸发线

4.2.2.1 乌鲁木齐河

根据乌鲁木齐河河水$\delta^{18}O$与$\delta^{2}H$建立了乌鲁木齐河流域蒸发线（EWL：$\delta^{2}H=6.64\delta^{18}O+1.84$；图4.12）。流域蒸发线的斜率和截距都小于天山大气降水线（$\delta^{2}H=7.60\delta^{18}O+2.66$；Wang et al，2016c）和全球大气降水线（$\delta^{2}H=8\delta^{18}O+10$；Craig，1961a），表明乌鲁木齐河水同位素受到了蒸发富集的影响。其中，春季河水样品位于图的左下方，夏、秋季河水样品位于图的右上方，表明夏秋季河水同位素比春季河水受蒸发富集的影响更大。

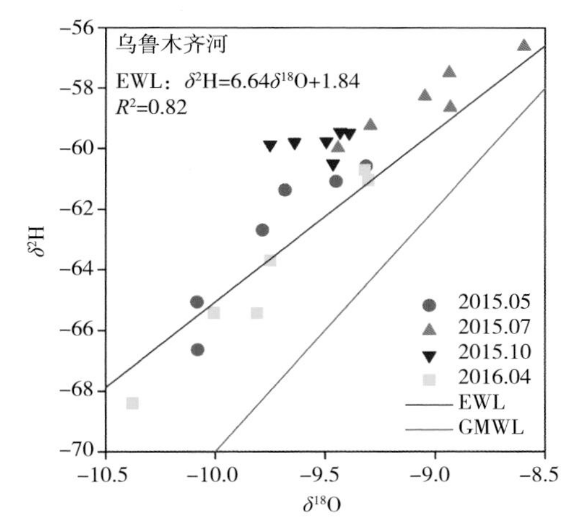

图4.12　乌鲁木齐河河水同位素蒸发线

4.2.2.2　玛纳斯河

图4.13展示了玛纳斯河流域红沟站与肯斯瓦特站河水蒸发线。红沟（EWL：δ^2H=5.37δ^{18}O−14.29）与肯斯瓦特（EWL：δ^2H=3.00δ^{18}O−39.15）蒸发线的斜率和截距同样也都小于天山地区大气降水线与全球大气降水线，表明玛纳斯河河水同位素也都受到了蒸发富集的影响，海拔较低的肯斯瓦特站河水同位素受蒸发富集的影响更加强烈。一个有趣的现象是当气温高于20℃时，肯斯瓦特站与红沟站的河水δ^{18}O与δ^2H都更贫更靠近GMWL。这可能是因为气温高于20℃时，δ^{18}O与δ^2H较低的高山冰雪融水对径流的补给较大。

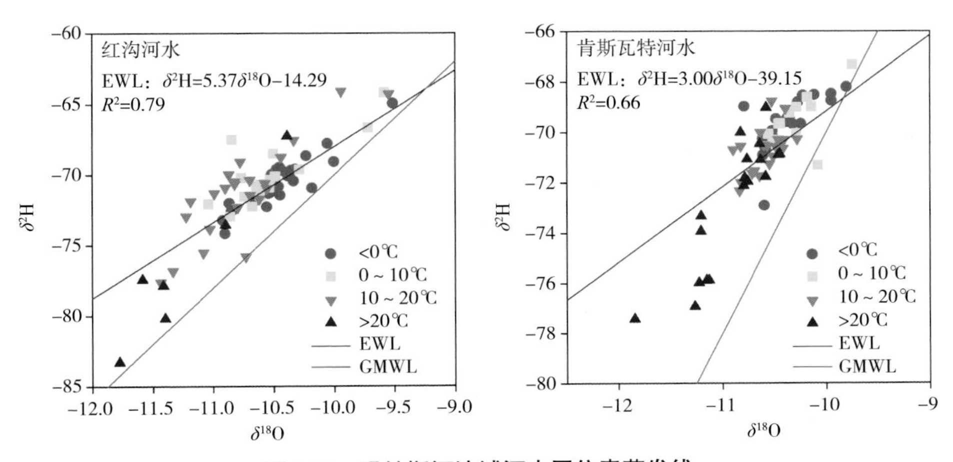

图4.13　玛纳斯河流域河水同位素蒸发线

4.2.2.3　开都河

图4.14展示了开都河流域河水同位素蒸发线。所有河水样品的δ^{18}O与δ^2H建立的蒸发线为δ^2H=8.20δ^{18}O+17.30，山区河水同位素蒸发线为δ^2H=8.40δ^{18}O+19.78，盆地河水同位素蒸发线为δ^2H=7.41δ^{18}O+8.25。山区河水同位素蒸发线的斜率和截距都高于天山地区大气降水线和全球大气降水线，暗示开都河流域河水补给来源的多元化，但近代降水仍然是主要的补给来源。盆地河水同位素蒸发线的斜率和截距远低于山区河水蒸发线，也低于天山地区大气降水线和全球大气降水线，表明盆地河水同位素受到了剧烈的蒸发富集的影响。春季样品主要分布于图的左下方，且波动较大，这是因为同位素较贫的季节性积雪融水对春季径流的贡献大。同时，受积雪融化过程中同位素重新分配的影响，积雪融水同位素的时空差异较大（Sokratov & Golubev，2009；Earman et al，2006）。

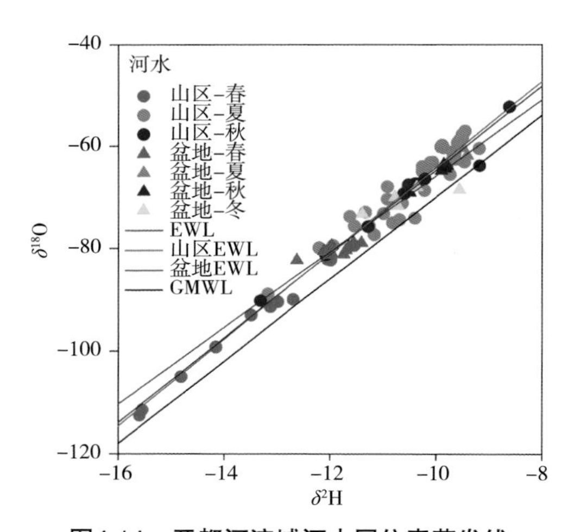

图4.14　开都河流域河水同位素蒸发线

4.2.2.4　黄水沟

黄水沟河水同位素蒸发线为δ^2H=8.43δ^{18}O+17.78（图4.15），斜率和截距都高于天山地区大气降水线和全球大气降水线，暗示黄水沟流域河水补给来源的多元化。所有样品分布都比较接近全球大气降水线，表明近代降水仍然是黄水沟径流的主要补给来源。

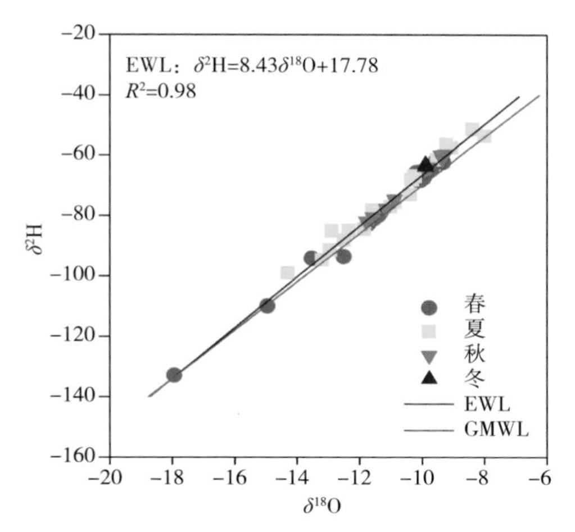

图4.15　黄水沟流域河水同位素蒸发线

4.2.2.5　阿克苏河

阿克苏河支流——托什干河河水同位素的蒸发线为δ^2H=8.38δ^{18}O+20.22，库玛拉克河河水同位素的蒸发线为δ^2H=9.04δ^{18}O+27.85（图4.16）。两条支流的河水同位素的蒸发线的斜率和截距都高于天山大气降水线和全球大气降水线的斜率和截距，暗示阿克苏河径流补给来源的多元化与流域环境的复杂化。春季河水样品更靠近图的左下方，表明同位素较贫的季节性积雪融水对春季径流的贡献大。

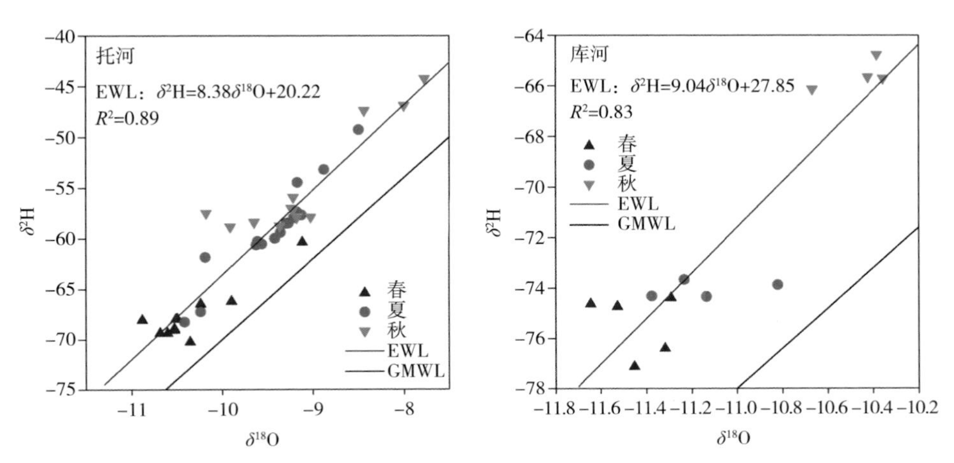

图4.16　阿克苏河流域河水同位素蒸发线

天山南北坡河水同位素对比发现，尽管南北坡河水同位素含量没有显著的差别，但南坡河水同位素蒸发线的斜率和截距都高于北坡。表明南坡径流补给来源比北坡更加复杂。这与天山南北坡自然环境尤其是水循环过程存在差异有关。北坡相对于南坡气温更低，同位素蒸发富集的动力条件不如南坡。但是，北坡降水量大于南坡，尤其是中低山区，南北坡降水量差异尤其显著，这为北坡同位素蒸发分馏提供了良好的水分环境。从下垫面条件来说，南坡森林带窄而草原面积分布广，北坡森林带更宽，水在木质部中传输不发生同位素分馏，而在叶片中传输会发生同位素分馏（Yakir & Sternberg，2000）。

4.3 地下水同位素特征

4.3.1 地下水时空分布特征

4.3.1.1 开都河

山区出露泉水$\delta^{18}O$的变化范围为-13.71‰～-13.14‰，平均值为-13.40‰；$\delta^{2}H$的变化范围为-93.96‰～-91.13‰，平均值为-92.12‰；d-excess的变化范围为13.63‰～16.25‰，平均值为15.07‰。泉水全年温度变化小，同位素的季节变化也很小，且低于山区河水同位素，暗示出露泉水可能来源于深层地下水。

图4.17展示了开都河下游焉耆盆地地下水同位素的季节变化。春季地下水$\delta^{18}O$的变化范围为-11.53‰～-8.10‰，平均值为-10.22‰；$\delta^{2}H$的变化范围为-77.08‰～-51.89‰，平均值为-66.96‰；d-excess的变化范围为10.35‰～21.18‰，平均值为14.78‰。夏季地下水$\delta^{18}O$的变化范围为-11.15‰～-7.99‰，平均值为-9.82‰；$\delta^{2}H$的变化范围为-78.30‰～-52.33‰，平均值为-65.68‰；d-excess的变化范围为9.74‰～15.48‰，平均值为12.86‰。秋季地下水$\delta^{18}O$的变化范围为-10.82‰～-10.00‰，平均值为-10.39‰；$\delta^{2}H$的变化范围为-72.94‰～-66.27‰，平均值为-69.30‰；d-excess的变化范围为12.04‰～14.66‰，平均值为13.80‰。冬季地下水$\delta^{18}O$的变化范围为-10.98‰～-9.37‰，平均值为-10.14‰；$\delta^{2}H$的变化范围为-77.16‰～-57.41‰，平均值为-67.49‰；d-excess的变化范围为9.29‰～17.56‰，平均值为13.65‰。

开都河地下水同位素的季节变化很小，但夏季地下水δ^{18}O与δ^{2}H略高于其他季节，夏季地下水d-excess略低于其他季节。

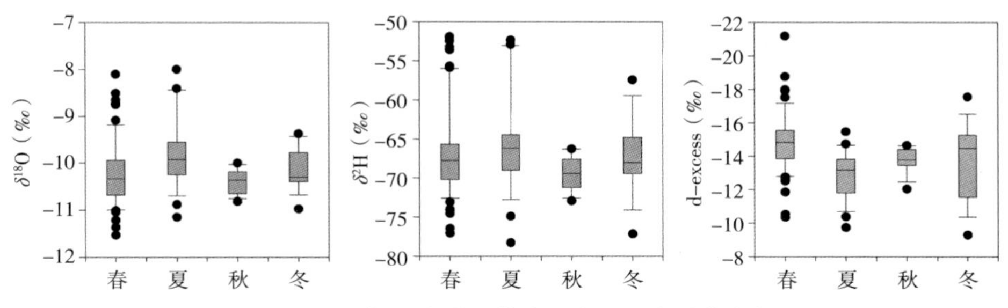

图4.17　开都河流域下游地下水同位素季节变化

4.3.1.2　阿克苏河

图4.18展示了阿克苏河下游平原区地下水同位素的季节变化。春季地下水δ^{18}O的变化范围为-11.61‰～-9.66‰，平均值为-10.82‰；δ^{2}H的变化范围为-77.14‰～-65.64‰，平均值为-72.41‰；d-excess的变化范围为11.65‰～15.74‰，平均值为14.16‰。夏季地下水δ^{18}O的变化范围为-11.17‰～-8.48‰，平均值为-10.12‰；δ^{2}H的变化范围为-75.29‰～-60.85‰，平均值为-70.17‰；d-excess的变化范围为7.01‰～14.07‰，平均值为10.82‰。秋季地下水δ^{18}O的变化范围为-11.39‰～-8.32‰，平均值为-9.96‰；δ^{2}H的变化范围为-73.82‰～-51.56‰，平均值为-62.90‰；d-excess的变化范围为14.99‰～17.27‰，平均值为16.77‰。

阿克苏河地下水同位素的季节变化也很小，但秋季地下水同位素的平均值高于春、夏季，春、夏季地下水同位素组成没有显著差异。夏、秋季地下水同位素组成的变幅大于春季。

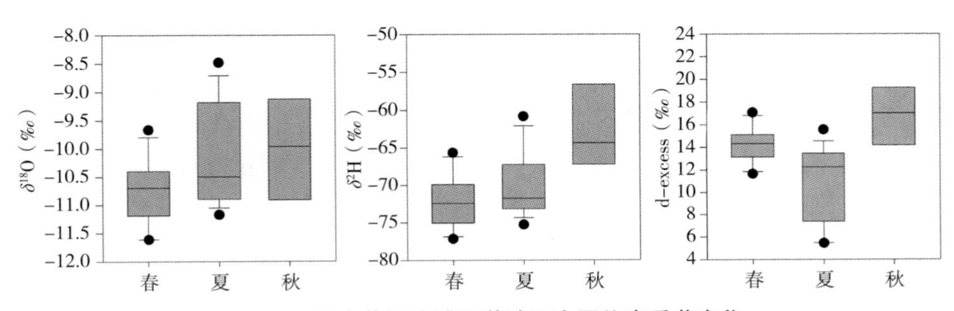

图4.18　阿克苏河流域下游地下水同位素季节变化

图4.19展示了阿克苏河山前出露泉水同位素的季节变化。春季地下水δ^{18}O的变化范围为−11.80‰～−10.43‰，平均值为−11.26‰；δ^{2}H的变化范围为−81.53‰～−69.93‰，平均值为−76.16‰；d-excess的变化范围为12.87‰～13.89‰，平均值为13.51‰。夏季地下水δ^{18}O的变化范围为−11.33‰～−9.96‰，平均值为−10.43‰；δ^{2}H的变化范围为−76.23‰～−68.44‰，平均值为−71.04‰；d-excess的变化范围为11.28‰～14.37‰，平均值为12.40‰。秋季地下水δ^{18}O的变化范围为−11.12‰～−9.00‰，平均值为−10.02‰；δ^{2}H的变化范围为−68.45‰～−55.52‰，平均值为−62.34‰；d-excess的变化范围为16.48‰～20.53‰，平均值为17.85‰。

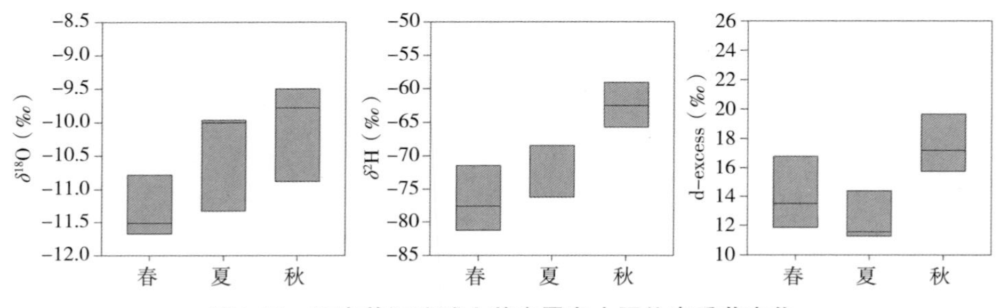

图4.19　阿克苏河流域山前出露泉水同位素季节变化

阿克苏河流域泉水同位素季节变化也很小。秋季泉水δ^{18}O与δ^{2}H最高，春季最低。泉水d-excess同样是秋季最高，但夏季最低。

开都河与阿克苏河下游地下水同位素没有显著差异。δ^{18}O、δ^{2}H与d-excess的平均值分别为−10.32‰、−68.45‰和14.10‰。与河水同位素非常接近，表明区域内河水与地下水交互作用频繁。

4.3.2　地下水蒸发线

4.3.2.1　开都河

图4.20展示了开都河流域地下水蒸发线及地下水样在图中的分布。开都河地下水蒸发线为$\delta^{2}H=7.65\delta^{18}O+10.58$，山区出露泉水的蒸发线为$\delta^{2}H=5.60\delta^{18}O-17.04$，盆地地下水的蒸发线为$\delta^{2}H=7.72\delta^{18}O+11.30$。开都河地下水的蒸发线的斜率低于全球大气降水线，但盆地地下水蒸发线与天山地区大气降水线接近，表明开都河流域盆地地下水主要受近代降水补给。然而，

山区泉水蒸发线的斜率与截距都低于天山地区大气降水线和全球大气降水线，表明泉水补给来源与盆地地下水存在差异。

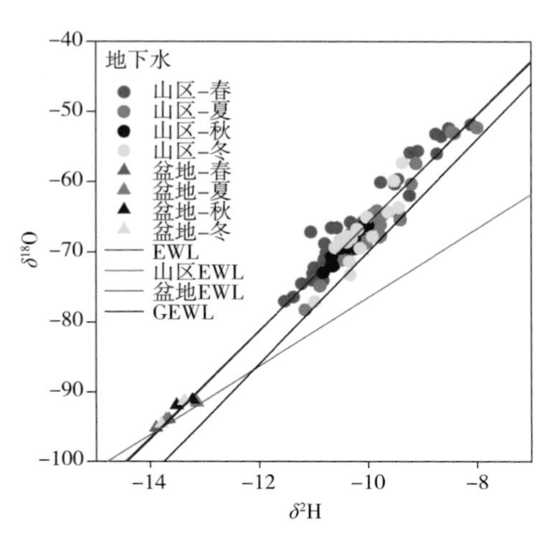

图4.20　开都河流域地下水蒸发线

4.3.2.2　阿克苏河

阿克苏河平原区地下水蒸发线为$\delta^2H=5.41\delta^{18}O-13.81$，泉水蒸发线为$\delta^2H=8.18\delta^{18}O+16.99$（图4.21）。平原区地下水蒸发线的斜率和截距都低于天山地区大气降水线和全球大气降水线，表明平原区地下水稳定氢氧同位素受到了蒸发富集的影响。泉水蒸发线的斜率和截距都高于天山地区大气降水线和全球大气降水线，表明泉水的补给来源多样。

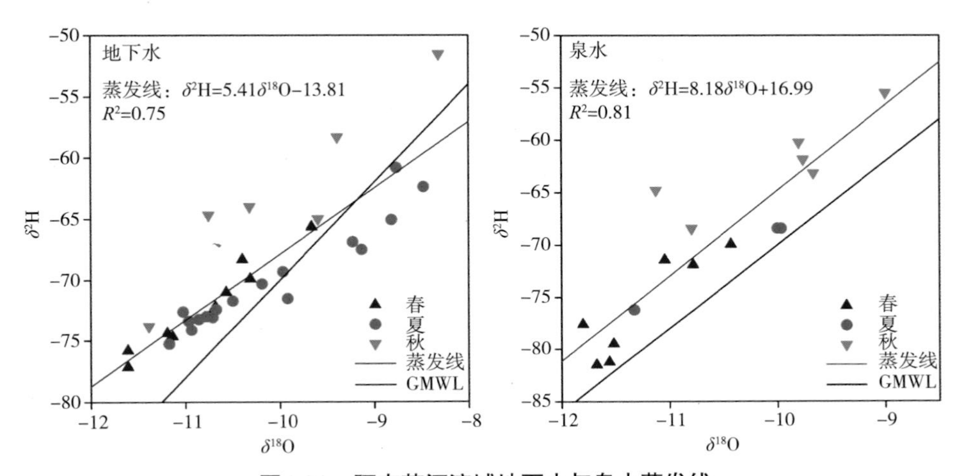

图4.21　阿克苏河流域地下水与泉水蒸发线

4.4 水化学特征及地表水—地下水水化学过程

4.4.1 水化学特征及其时空分布

4.4.1.1 乌鲁木齐河

乌鲁木齐河河水平均矿化度（TDS）低于250mg/L，平均电导率（ES）低于300μS/cm（图4.22），表明乌鲁木齐河河水含盐量低。pH值的变化范围为6.74～8.26，平均值为7.63，表明乌鲁木齐河河水为弱碱性水。阳离子中，Ca^{2+}（71%）（基于meq/L）占主导地位，其次是Na^{+}（14%）和Mg^{2+}（14%），K^{+}仅1%。阴离子的顺序为HCO_3^-（59%）>SO_4^{2-}（38%）>Cl^-（3%）。河水类型主要为Ca^{2+}-HCO_3-SO_4^{2-}型，但2016年4月的河水表现出混合型特征（图4.23）。

从季节变化来看，乌鲁木齐河水主要化学离子含量在冰雪消融期低，在其他季节高（图4.22）。TDS与电导率也表现出相似的季节变化特征。这是因为冰雪消融期也是区域内的主要降水期，含盐量较低的冰雪融水以及降水对河流的补给量较大，因此，河水含盐量较低。而在其他季节，含盐量较高的地下水是河流的主要补给来源，河水的含盐量相应升高。

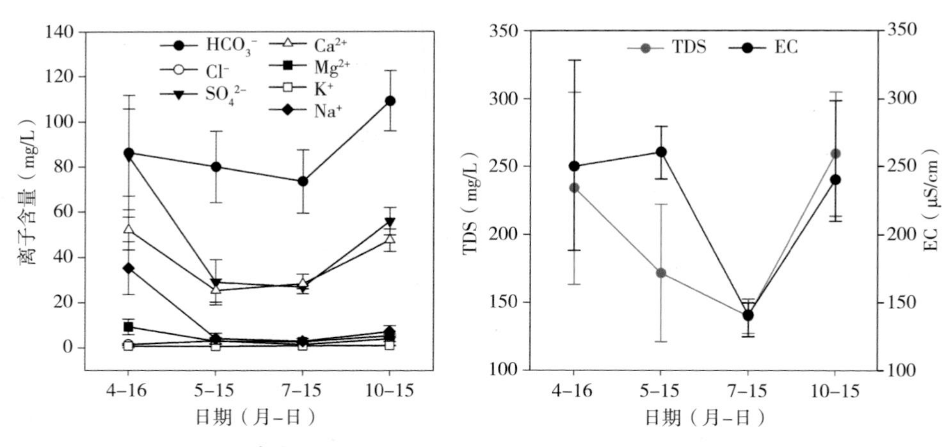

图4.22 乌鲁木齐河河水化学离子、TDS与电导率的季节变化

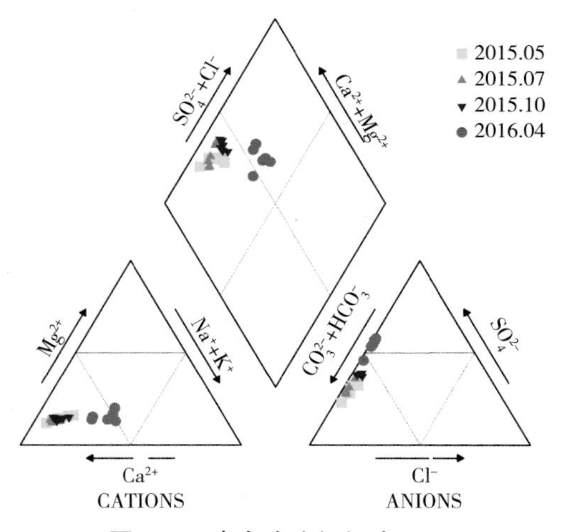

图4.23　乌鲁木齐河河水piper

4.4.1.2　玛纳斯河

红沟站TDS的变化范围为160～545mg/L，平均值为293mg/L。电导率的变化范围为190～700μS/cm，平均值为215μS/cm（图4.24）。肯斯瓦特站TDS的变化范围为170～620mg/L，平均值为306mg/L。电导率的变化范围为180～950μS/cm，平均值为353μS/cm（图4.24）。肯斯瓦特站的含盐量与电导率略高于红沟站，但都低于1g/L，表明玛纳斯河河水溶解质是自上游而下逐渐进入河水中的，也表明玛纳斯河河水水质较好。红沟站河水pH值变化范围为7.60～8.29，平均值为8.03。肯斯瓦特站河水pH值变化范围为6.91～8.33，平均值为8.07，表明玛纳斯河河水为弱碱性水。

红沟站，阳离子中，Ca^{2+}（56%）（基于meq/L）占主导地位，其次是Mg^{2+}（22%）和Na^+（21%），K^+仅1%。阴离子的顺序为SO_4^{2-}（49%）>HCO_3^-（44%）>Cl^-（7%）。肯斯瓦特站河水阳离子的顺序为Ca^{2+}（54%）>Na^+（27%）>Mg^{2+}（18%）>K^+（1%），阴离子的顺序为SO_4^{2-}（51%）>HCO_3^-（38%）>Cl^-（12%）。玛纳斯河河水水化学类型主要为混合型和Ca^{2+}-HCO_3-SO_4^{2-}型，其中夏季河水主要为Ca^{2+}-HCO_3-SO_4^{2-}型，其他季节主要为混合型（图4.25）。

除了HCO_3^-外，玛纳斯河河水中的其他主要离子都表现出夏季最低，冬、春季高的季节变化特征。而HCO_3^-则表现出夏季最高、冬季最低的季节变化特征。肯斯瓦特站河水化学离子含量季节变化大于红沟站（图4.26）。河水TDS也表现出夏季低，冬、春季高的季节变化特征，而电导率则是秋季高，冬、春季低。这可能也是因为含盐量较低的冰雪融水以及降水对夏季河流的补给量较大，因此，河水含盐量较低。而在其他季节，含盐量较高的地下水是河流的主要补给来源，河水的含盐量相应升高。

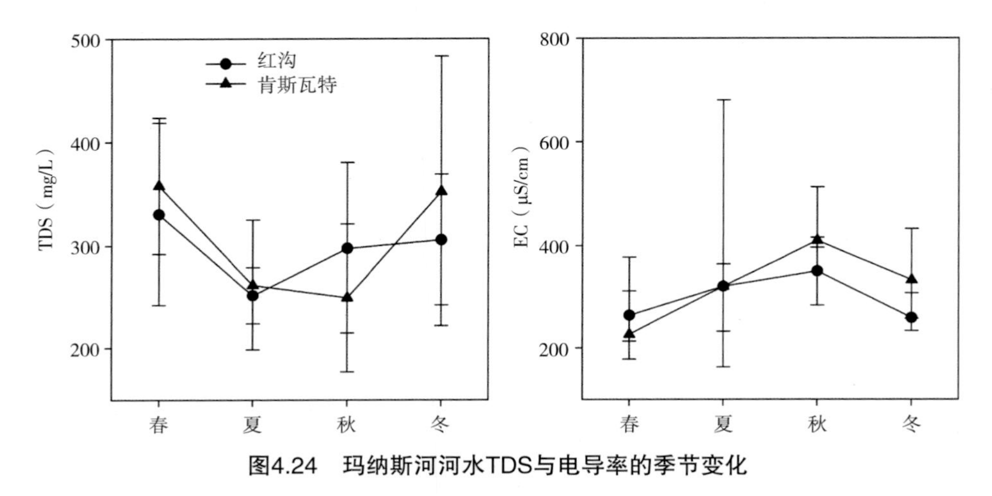

图4.24　玛纳斯河河水TDS与电导率的季节变化

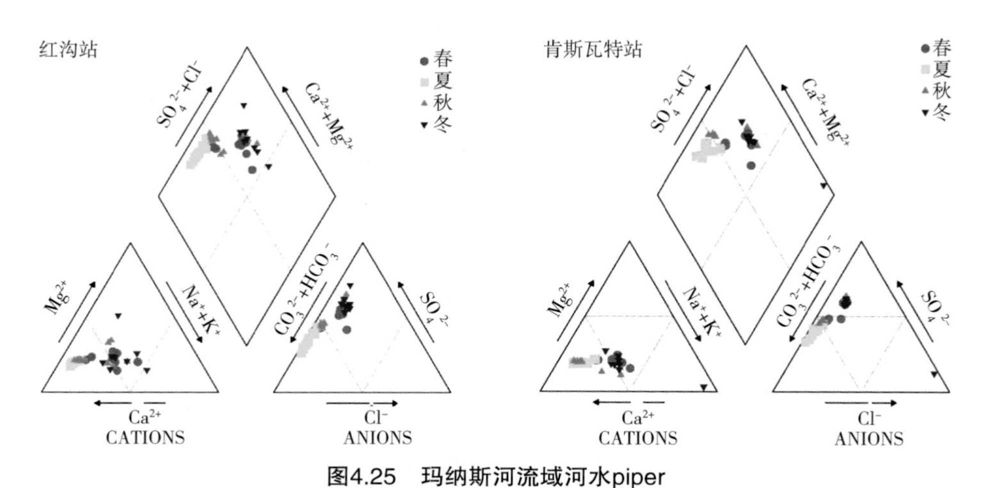

图4.25　玛纳斯河流域河水piper

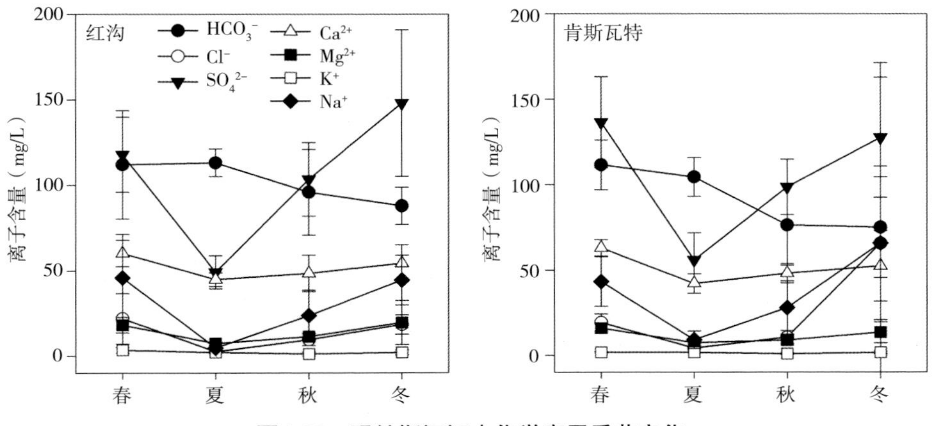

图4.26　玛纳斯河河水化学离子季节变化

4.4.1.3　开都河

开都河山区河水TDS的变化范围为45～432mg/L，平均值为167mg/L；电导率的变化范围为72～609μS/cm，平均值为236μS/cm（图4.27）。盆地河水TDS的变化范围为193～335mg/L，平均值为238mg/L。盆地地下水TDS的变化范围为194～1 396mg/L，平均值为461mg/L。盆地河水电导率的变化范围为202～1 800μS/cm，平均值为648μS/cm。盆地地下水电导率的变化范围为180～449μS/cm，平均值为327μS/cm。山区出露泉水TDS的变化范围为84～158mg/L，平均值为130mg/L；电导率的变化范围为100～241μS/cm，平均值为175μS/cm。山区出露泉水的TDS与电导率最低，其次是山区河水与盆地河水，盆地地下水的TDS与电导率最高，表明山区地表水与地下水的水质都比盆地好。

山区河水pH值的变化范围为7.56～8.29，平均值为8.04。盆地河水pH值的变化范围为7.77～8.30，平均值为8.07。盆地地下水pH值的变化范围为7.27～8.28，平均值为7.93。山区出露泉水pH值的变化范围为7.93～8.25，平均值为8.05。流域内pH值平均值波动于7.93～8.07，表明流域内的地表水与地下水主要为弱碱性水。

开都河山区河水阳离子的顺序为Ca^{2+}（71%）>Mg^{2+}（19%）>Na^{+}（9%）>K^{+}（1%），阴离子的顺序为HCO_3^-（75%）>SO_4^{2-}（19%）>Cl^-（6%）。开都河下游焉耆盆地河水阳离子的顺序为Ca^{2+}（56%）>Mg^{2+}（27%）>Na^{+}（16%）>

K^+（1%），阴离子的顺序为HCO_3^-（68%）>SO_4^{2-}（23%）>Cl^-（9%）。开都河下游焉耆盆地地下水阳离子的顺序为Ca^{2+}（35%）=Na^+（35%）>Mg^{2+}（29%）>K^+（1%），阴离子的顺序为HCO_3^-（46%）>SO_4^{2-}（33%）>Cl^-（21%）。开都河山区出露泉水阳离子的顺序为Ca^{2+}（65%）>Mg^{2+}（21%）>Na^+（13%）>K^+（1%），阴离子的顺序为HCO_3^-（79%）>SO_4^{2-}（10%）>Cl^-（10%）。开都河山区河水与出露泉水水化学类型为Ca^{2+}-HCO_3^-型、Ca^{2+}-HCO_3-SO_4^{2-}型、Ca^{2+}-Mg^{2+}-HCO_3^-型和Ca^{2+}-Mg^{2+}-HCO_3^--SO_4^{2-}型（图4.28a、图4.29b）。盆地河水水化学类型除了Ca^{2+}-Mg^{2+}-HCO_3^-型，也有一部分混合型（图4.28b）。焉耆盆地地下水水化学类型的复杂多样，以混合型、Ca^{2+}-Mg^{2+}-HCO_3^-型、Ca^{2+}-Mg^{2+}-HCO_3^--SO_4^{2-}型等为主。

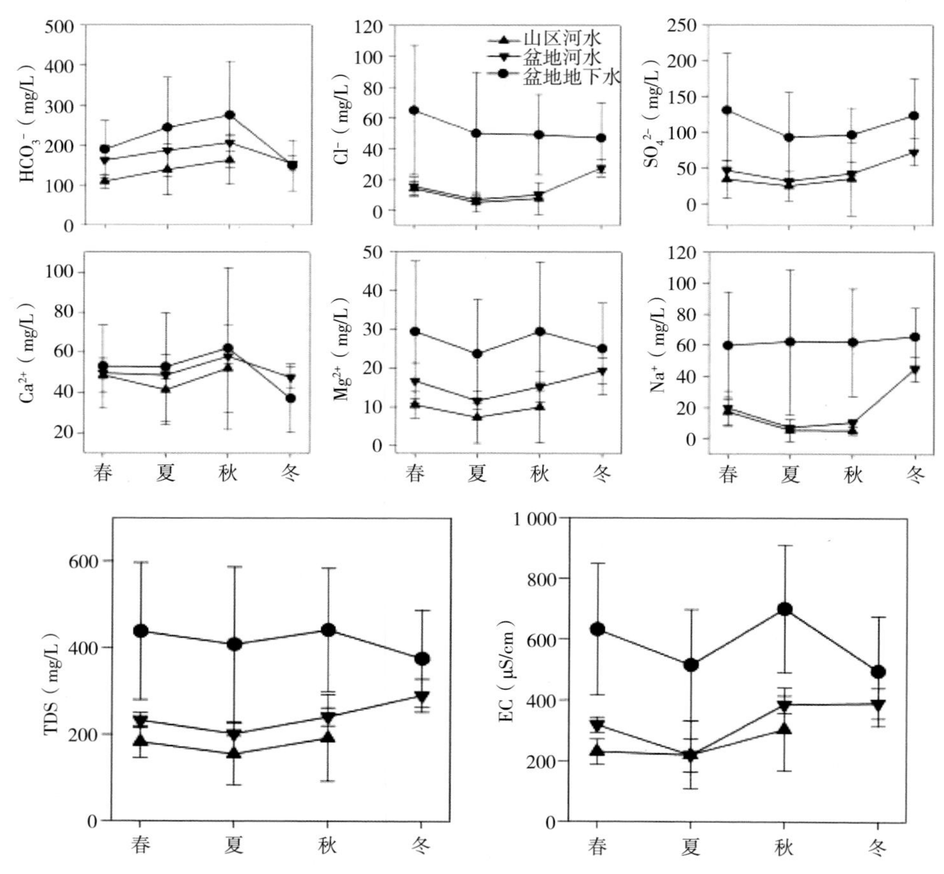

图4.27 开都河流域河水与地下水化学离子、TDS与电导率的季节变化

图4.29展示了开都河流域不同水体中主要化学离子、TDS与电导率的季节变化。除Na^+离子外（盆地地下水的Na^+全年都较高，季节变化不明显，而河水的Na^+夏、秋季低，冬季高），河水与地下水其他化学离子的季节变化具有一致性。河水与地下水的Ca^{2+}与HCO_3^-秋季高，冬季低。Cl^-、SO_4^{2-}和Mg^{2+}夏季低，冬、春季偏高。河水的TDS冬季高，夏季低，秋季高于春季。绿洲地下水的TDS秋季最高，冬季最低，春季高于夏季。地下水与河水TDS的季节变化都比较小。电导率夏季低，秋季高。地下水电导率的季节波动大于河水。

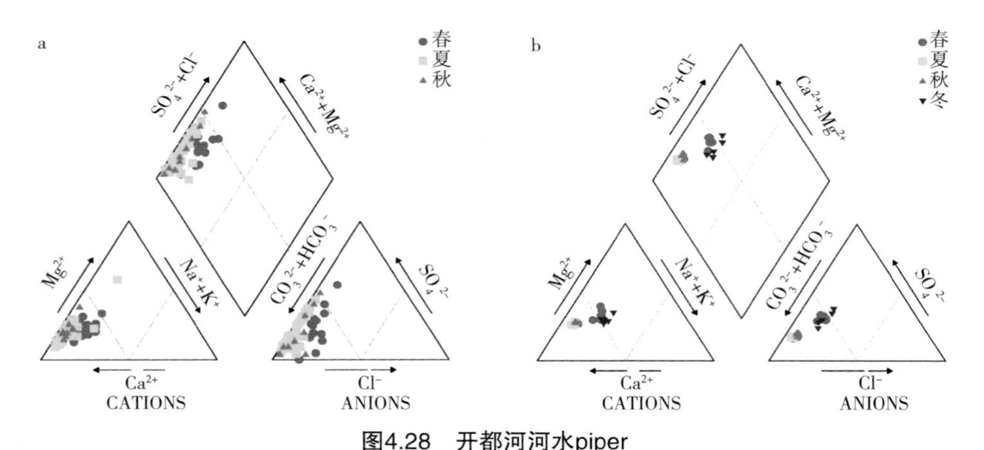

图4.28　开都河河水piper

注：a. 山区河水；b. 焉耆盆地河水

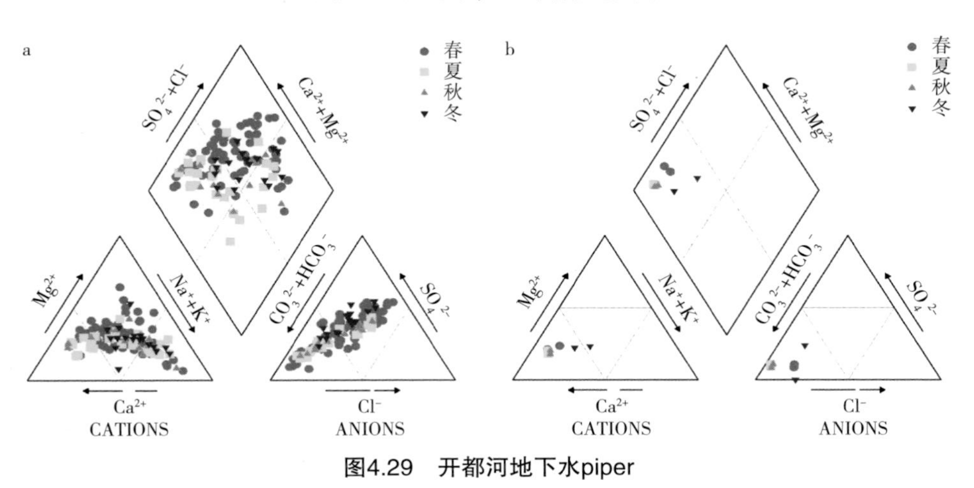

图4.29　开都河地下水piper

注：a. 地下水；b. 泉水

4.4.1.4 黄水沟

黄水沟河水TDS的变化范围为220～707mg/L，平均值为333mg/L；电导率的变化范围为240～687μS/cm，平均值为438μS/cm（图4.30）。pH值的变化范围为6.60～7.24，平均值为7.95。黄水沟河水阳离子的顺序为Ca^{2+}（48%）>Na^{+}（28%）>Mg^{2+}（23%）>K^{+}（1%），阴离子的顺序为HCO_3^-（55%）>SO_4^{2-}（25%）>Cl^-（20%）。黄水沟河水水化学类型主要是混合型（图4.31）。

黄水沟河水TDS的季节变化与电导率相似，都是秋季显著高于其他季节。主要化学离子中，只有HCO_3^-具有显著的秋季高，冬、春季低的季节变化特征，其他离子的季节变化幅度都很小。

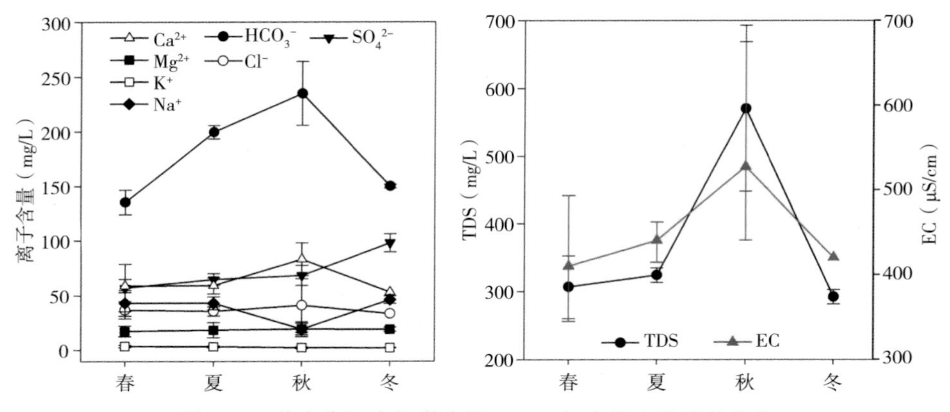

图4.30　黄水沟河水化学离子、TDS与电导率的季节变化

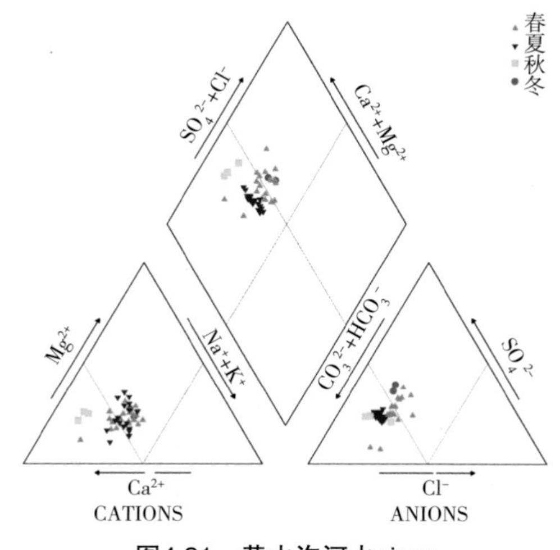

图4.31　黄水沟河水piper

4.4.1.5　阿克苏河

阿克苏河的一条支流托什干河河水TDS的变化范围为237～625mg/L，平均值为419mg/L。阿克苏河的另一条支流库玛拉克河河水TDS的变化范围为262～435mg/L，平均值为344mg/L。阿克苏河地下水TDS的变化范围为332～39 600mg/L，平均值为6 223mg/L。出露泉水TDS的变化范围为220～784mg/L，平均值为476mg/L（图4.32）。托什干河河水电导率的变化范围为287～742μS/cm，平均值为516μS/cm。库玛拉克河河水电导率的变化范围为359～582μS/cm，平均值为458μS/cm。地下水电导率的变化范围为570～38 720μS/cm，平均值为6 969μS/cm。泉水电导率的变化范围为367～1 037μS/cm，平均值为606μS/cm（图4.33）。托什干河河水平均TDS与电导率都高于库玛拉克河，一方面，这是因为托什干河河道比库玛拉克河长，水在运移过程中与岩石的交互作用更强烈，水中的溶解质含量更高；另一方面，这可能是因为库玛拉克河受含盐量较低的冰雪融水的补给比例高于托什干河。

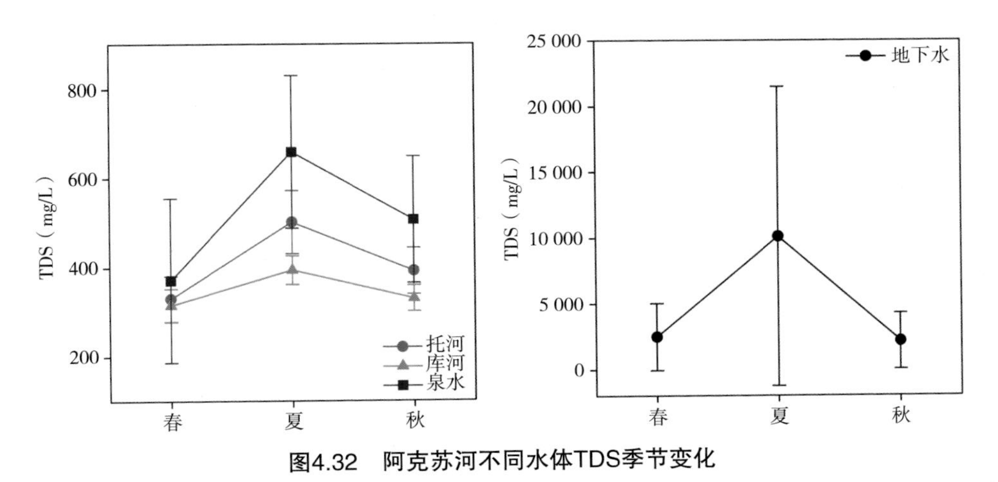

图4.32　阿克苏河不同水体TDS季节变化

托什干河河水pH值的变化范围为7.98～8.70，平均值为8.12。库玛拉克河河水pH值的变化范围为7.97～8.23，平均值为8.10。地下水pH值的变化范围为7.51～8.29，平均值为7.88。出露泉水pH值的变化范围为7.77～8.23，平均值为8.07。阿克苏河流域地表水与地下水主要为弱碱性水。

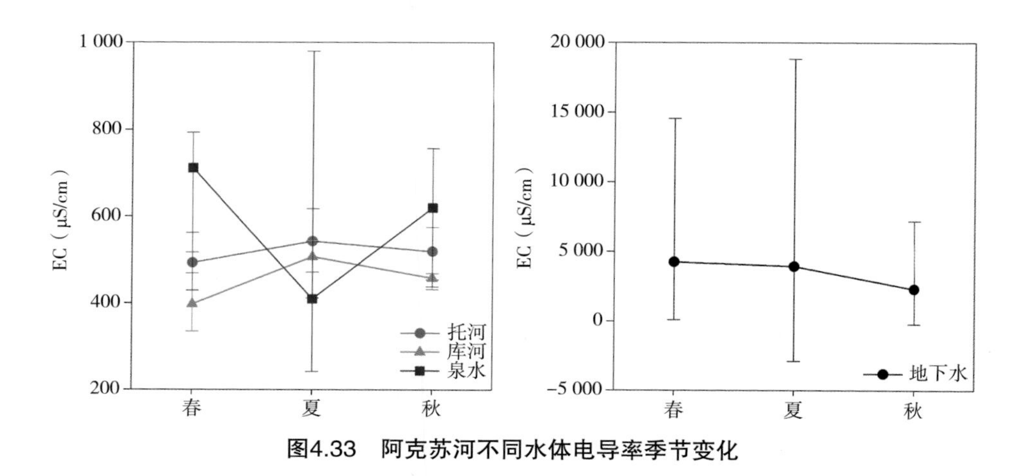

图4.33　阿克苏河不同水体电导率季节变化

托什干河河水阳离子的顺序为Ca^{2+}（45%）>Mg^{2+}（35%）>Na^{+}（19%）>K^{+}（1%），阴离子的顺序为HCO_3^{-}（48%）>SO_4^{2-}（35%）>Cl^{-}（17%）。托什干河河水水化学类型主要为Ca^{2+}-Mg^{2+}-HCO_3^{-}-SO_4^{2-}型和混合型（图4.34a）。库玛拉克河河水阳离子的顺序为Ca^{2+}（55%）>Mg^{2+}（33%）>Na^{+}（11%）>K^{+}（1%），阴离子的顺序为SO_4^{2-}（49%）>HCO_3^{-}（45%）>Cl^{-}（6%）。库玛拉克河河水水化学主要为Ca^{2+}-Mg^{2+}-HCO_3^{-}-SO_4^{2-}型和Ca^{2+}-Mg^{2+}-SO_4^{2-}-HCO_3^{-}型（图4-34b）。地下水阳离子的顺序

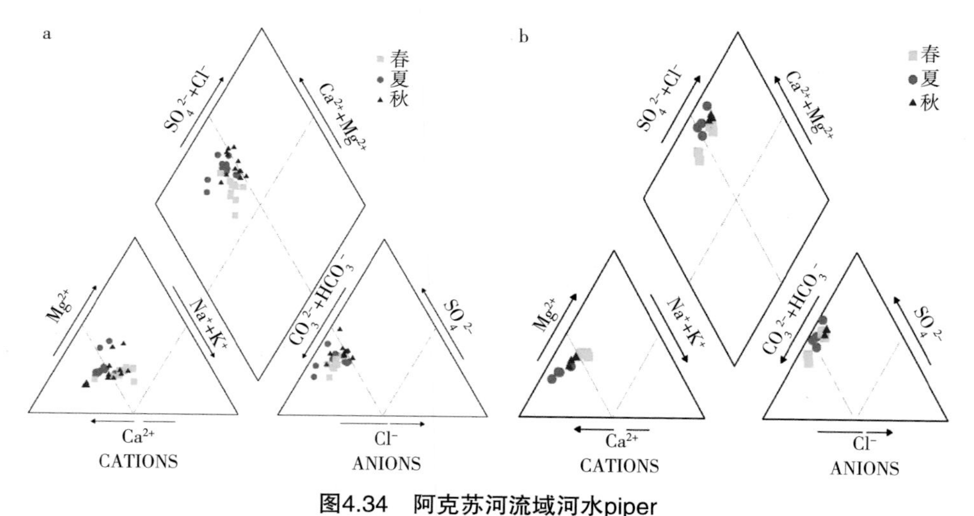

图4.34　阿克苏河流域河水piper

注：a. 托什干河；b. 库玛拉克河

为Na^{+}（46%）>Mg^{2+}（28%）>Ca^{2+}（25%）>K^{+}（1%），阴离子的顺序为SO_4^{2-}（44%）>Cl^{-}（35%）>HCO_3^{-}（21%）。地下水水化学类型主要为混合型、Ca^{2+}-Mg^{2+}-HCO_3^{-}-SO_4^{2-}型、Na^{+}-Cl^{-}-SO_4^{2-}型和Na^{+}-Mg^{2+}-SO_4^{2-}-Cl^{-}型（图4.35a）。山前出露泉水阳离子的顺序为Ca^{2+}（41%）>Mg^{2+}（39%）>Na^{+}（18%）>K^{+}（2%），阴离子的顺序为HCO_3^{-}（49%）>SO_4^{2-}（37%）>Cl^{-}（15%）。泉水水化学类型主要为Ca^{2+}-Mg^{2+}-HCO_3^{-}-SO_4^{2-}型和混合型（图4.35b）。

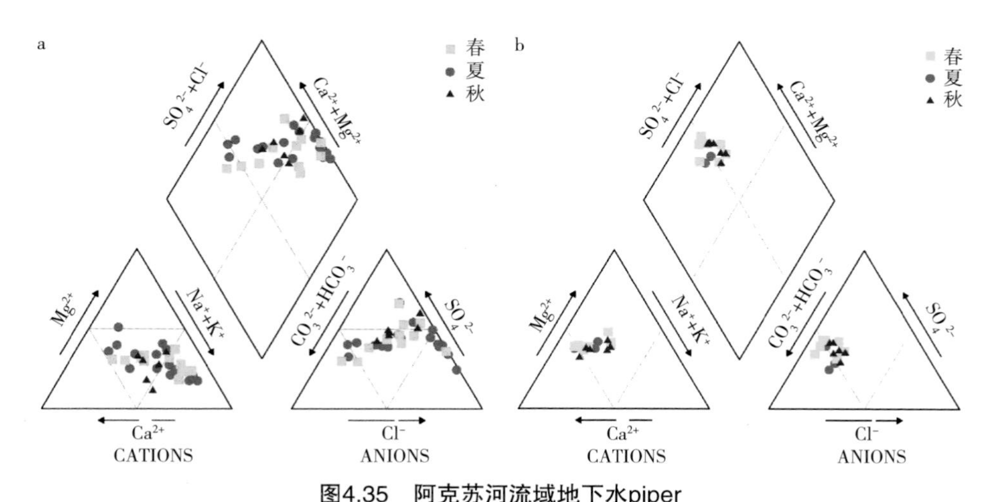

图4.35　阿克苏河流域地下水piper

注：a. 地下水；b. 泉水

阿克苏河流域河水与地下水的TDS都表现出夏季高，春、秋季低的季节变化特征（图4.32）。除泉水电导率有明显的夏季高，春、秋季节低的季节变化特征外，其他水体的电导率没有显著的季节变化特征。托什干河河水主要化学离子没有显著的季节变化（图4.36a）。库玛拉克河河水中的HCO_3^{-}和SO_4^{2-}表现出春季高，夏季低的季节变化特征，其他化学离子也没有显著的季节变化（图4.36b）。阿克苏河地下水中Na^{+}、Cl^{-}和SO_4^{2-}夏季高，春、秋季低，其他化学离子也没有显著的季节变化（图4.36c）。泉水中仅仅HCO_3^{-}有夏季高的季节变化特征，其他离子也都没有显著的季节变化（图4.36d）。

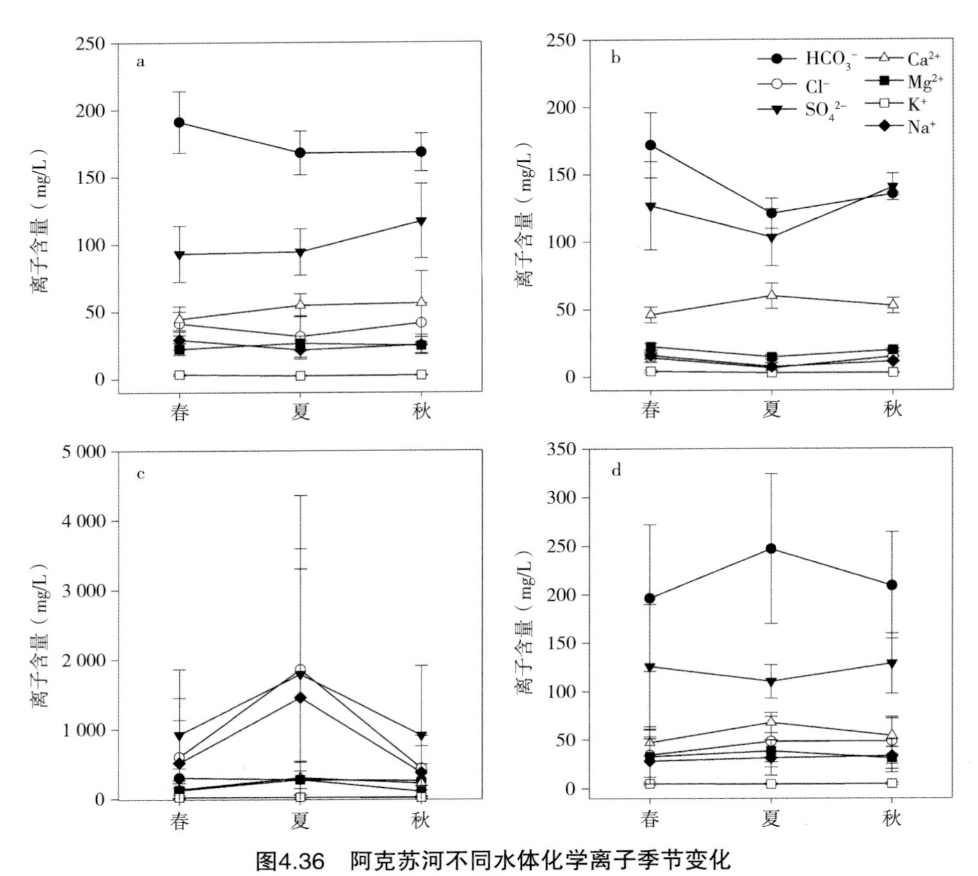

图4.36　阿克苏河不同水体化学离子季节变化

注：a. 托河；b. 库河；c. 地下水；d. 泉水

4.4.2　地表水—地下水水化学过程

4.4.2.1　乌鲁木齐河

除了K^+离子外，乌鲁木齐河河水的主要化学离子与TDS都呈显著的正相关关系（表4.7），表明这些离子是逐渐汇入河水或地下水中的，并导致TDS上升。在Gibbs图中（图4.37），河水样品主要分布于图的左侧中部，平均Na^+/（Na^++Ca^{2+}）与Cl^-/（Cl^-+HCO_3^-）都小于0.5，表明乌鲁木齐河河水中的主要离子主要来源于岩石风化。

Ca^{2+}与HCO_3^-、SO_4^{2-}，Mg^{2+}与HCO_3^-、SO_4^{2-}都有极显著的正相关关系，表明碳酸盐与硫酸盐溶解是水中溶解物的重要来源。研究区内不同季节的河水样品都分布在（Ca^{2+}+Mg^{2+}）－（HCO_3^-+SO_4^{2-}）的1：1关系线附近（图4.38a），进一步证明碳酸盐与硫酸盐风化溶解是主要的离子来源（Weynell et al，2016；Wang et al，2016b）。

Na^+与Cl^-以及Cl^-与SO_4^{2-}的相关性都很差（表4.7），表明流域内岩盐与蒸发岩溶解微弱。在Na^+与Cl^-的关系图中，样品主要分布于1：1关系线上方，尤其是2015年10月的样品，Na^+离子含量高于Cl^-离子含量（图4.38b），表明Na^+离存在其他的来源。2015年7月与10月样品主要分布于[（Ca^{2+}+Mg^{2+}）－（HCO_3^-+SO_4^{2-}）]与[（Na^++K^+）−Cl^-]图的1：（−1）关系线附近（图4.38c），表明这两个月阳离子交换作用显著，是Na^+的重要来源。但从Chloro-alkaline指数（CAI-I与CAI-II指数）看（图4.39），各采样季节乌鲁木齐河水Chloro-alkaline指数均小于1，表明阳离子交换在不同季节都是重要的Na^+离子来源。

计算的流域河水中硬石膏、霰石、方解石、白云石、石膏与岩盐的平均饱和指数分别为−2.35、−0.50、−0.34、−1.51、−2.10和−9.32，都小于0，但霰石与方解石的平均饱和指数接近于0，高于其他矿物（图4.40），一方面表明河水中各矿物的溶解均没达到饱和，在适宜的情况下，水中溶解质的浓度还会提高；另一方面表明霰石与方解石溶解是流域河水中主要的离子来源。

表4.7　乌鲁木齐河河水主要化学指标的相关性分析

	pH值	TDS	EC	HCO_3^-	Cl^-	SO_4^{2-}	Ca^{2+}	Mg^{2+}	K^+	Na^+
pH值	1	0.59**	0.62**	0.48*	0.07	0.76**	0.80**	0.73**	−0.13	0.74**
TDS		1	0.72**	0.63**	0.48*	0.62**	0.52**	0.61**	0.22	0.46*
EC			1	0.77**	0.49*	0.75**	0.82**	0.65**	0.16	0.53**
HCO_3^-				1	0.63**	0.55**	0.70**	0.52**	0.45*	0.23
Cl^-					1	0.03	0.14	0.00	0.32	−0.23
SO_4^{2-}						1	0.92**	0.96**	0.20	0.89**
Ca^{2+}							1	0.86**	0.18	0.74**
Mg^{2+}								1	0.196	0.905**
K^+									1	−0.050
Na^+										1

注：*通过了0.05水平的显著性检验，**通过0.01水平的显著性检验

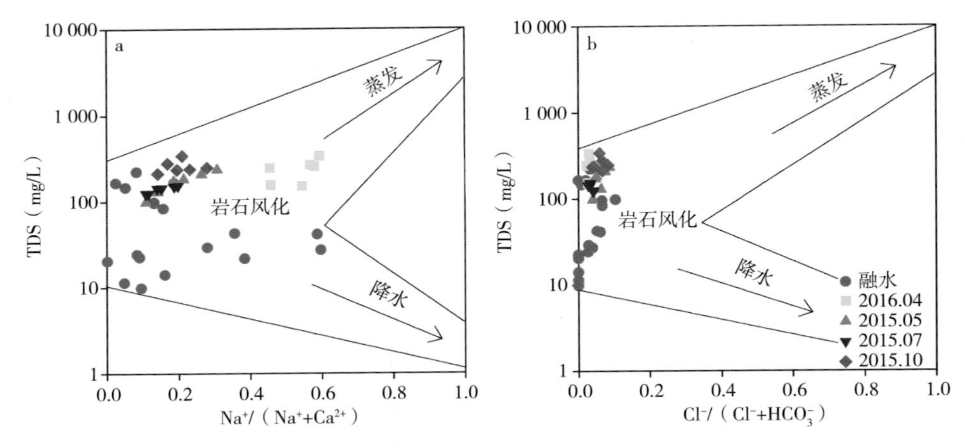

图4.37 乌鲁木齐河河水Gibbs

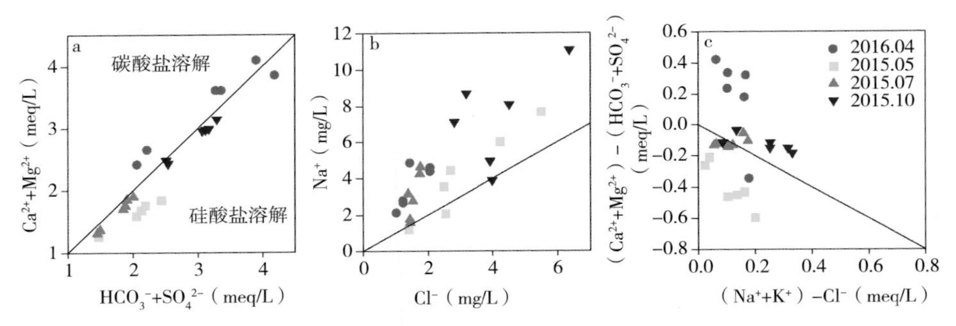

图4.38 乌鲁木齐河河水离子比

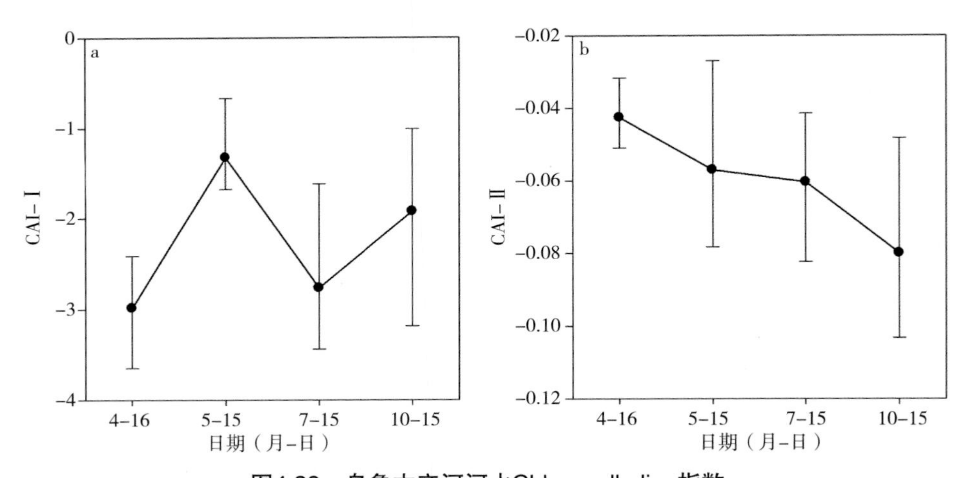

图4.39 乌鲁木齐河河水Chloro-alkaline指数

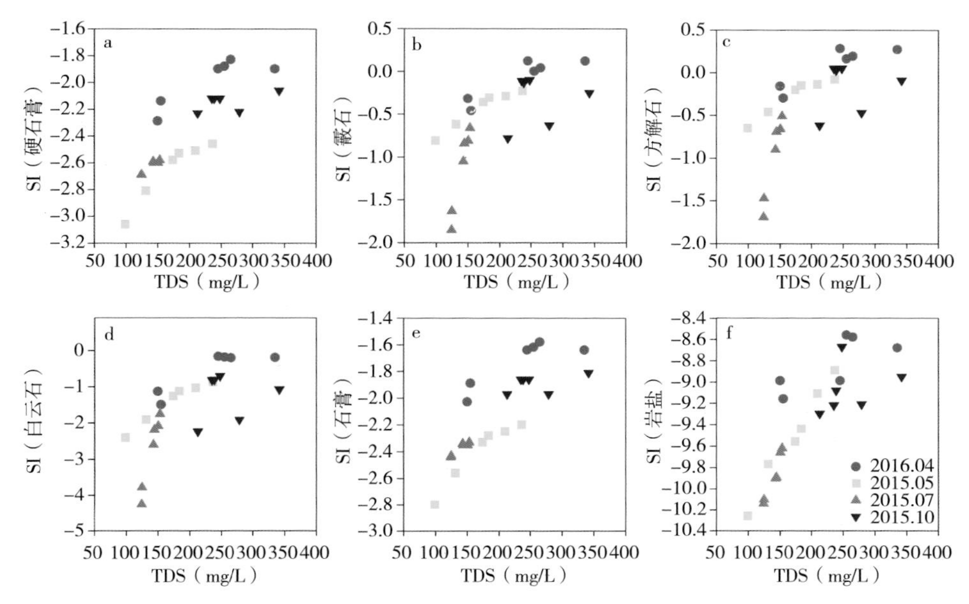

图4.40　不同矿物饱和指数（SI）与TDS关系

4.4.2.2　玛纳斯河

玛纳斯河红沟站河水的主要化学离子与TDS都呈显著的正相关关系（表4.8），表明这些离子是逐渐汇入河水或地下水中的，并导致TDS上升。然而，在肯斯瓦特站，仅仅Na^+、Cl^-与TDS存在显著的正相关关系（表4.9），这可能与肯斯瓦特上游500m处建立了大坝，河水水化学活动在一定程度上被改变了。在Gibbs图中（图4.41），红沟站与肯斯瓦特站河水样品都分布于图的左侧中部，平均Na^+/（Na^++Ca^{2+}）与Cl^-/（Cl^-+HCO_3^-）都小于0.5，表明玛纳斯河河水中的主要离子主要来源于岩石风化。

研究区内不同季节的河水样品都分布在（Ca^{2+}+Mg^{2+}）-（HCO_3^-+SO_4^{2-}）的1：1关系线附近（图4.42a、图4.43a），表明碳酸盐与硫酸盐风化溶解是主要的离子来源（Weynell et al，2016；Wang et al，2016b）。Ca^{2+}与SO_4^{2-}、Mg^{2+}与SO_4^{2-}都有极显著的正相关关系，Ca^{2+}与HCO_3^-、Mg^{2+}与HCO_3^-的相关关系微弱（表4.8、表4.9），而表明硫酸盐溶解是水中溶解物的重要来源。

红沟站与肯斯瓦特站河水中Na^+与Cl^-的相关性都有极显著的正相关关

系，相关系数分别为0.95与0.88（表4.8、表4.9），表明流域内岩盐溶解是流域Na^+与Cl^-的重要来源。然而，在Na^+与Cl^-的关系图中，仍有很多样品分布于1∶1关系线上方，Na^+含量高于Cl^-含量（图4.42b、图4.43b），表明Na^+存在其他的来源。从Chloro-alkaline指数（CAI-I与CAI-II指数）看（图4.44），红沟站与肯斯瓦特站河水Chloro-alkaline指数均小于0，表明阳离子交换是重要的Na^+来源。从[（$Ca^{2+}+Mg^{2+}$）−（$HCO_3^-+SO_4^{2-}$）]与[（Na^++K^+）−Cl^-]图可以看出，大部分样品并不分布于1∶（−1）关系线附近（图4.42c、图4.43c），表明除了岩盐溶解、阳离子交换作用外，还有其他含钠矿物溶解提供Na^+，如芒硝和钠长石。

计算的红沟站河水中硬石膏、霰石、方解石、白云石、石膏与岩盐的平均饱和指数分别为−1.94、−0.12、0.04、−0.52、−1.70和−8.35；肯斯瓦特站河水中硬石膏、霰石、方解石、白云石、石膏与岩盐的平均饱和指数分别为−1.92、−0.14、0.02、−0.61、−1.69和−8.03。方解石的平均饱和指数大于0，霰石的平均饱和指数接近于0，高于其他矿物，其他矿物的饱和指数均小于0（图4.45、图4.46），一方面表明霰石与方解石溶解是流域河水中主要的离子来源，在适宜的情况下，硬石膏、白云石、石膏和岩盐将进一步溶解，水中溶解质的浓度还会提高。

表4.8 玛纳斯河流域红沟站河水主要化学指标之间的相关关系

	pH值	TDS	EC	HCO_3^-	Cl^-	SO_4^{2-}	Ca^{2+}	Mg^{2+}	K^+	Na^+
pH值	1	−0.06	−0.07	−0.22	−0.14	0.05	0.10	−0.09	−0.18	−0.06
TDS		1	0.91**	0.65**	0.61**	0.36**	0.50**	0.36**	0.56**	0.43**
EC			1	0.55**	0.84**	0.52**	0.56**	0.47**	0.69**	0.70**
HCO_3^-				1	0.19	−0.24*	0.23	0.00	0.63**	−0.06
Cl^-					1	0.71**	0.59**	0.58**	0.60**	0.95**
SO_4^{2-}						1	0.47**	0.84**	0.24*	0.74**
Ca^{2+}							1	0.37**	0.29*	0.50**
Mg^{2+}								1	0.49**	0.49**
K^+									1	0.43**
Na^+										1

注：*通过了0.05水平的显著性检验，**通过0.01水平的显著性检验

表4.9　玛纳斯河流域恩斯瓦特站河水主要化学指标之间的相关关系

	pH值	TDS	EC	HCO_3^-	Cl^-	SO_4^{2-}	Ca^{2+}	Mg^{2+}	K^+	Na^+
pH值	1	−0.69**	−0.76**	0.33**	−0.86**	0.40**	0.63**	0.38**	0.14	−0.62**
TDS		1	0.91**	0.06	0.69**	0.08	−0.07	0.13	0.06	0.60**
EC			1	−0.24*	0.87**	0.17	−0.17	0.14	−0.00	0.86**
HCO_3^-				1	−0.61**	0.11	0.59**	0.42**	0.60**	−0.62**
Cl^-					1	−0.14	−0.57**	−0.25*	−0.25*	0.88**
SO_4^{2-}						1	0.82**	0.89**	0.23	0.27*
Ca^{2+}							1	0.88**	0.45**	−0.24*
Mg^{2+}								1	0.43**	0.08
K^+									1	−0.22
Na^+										1

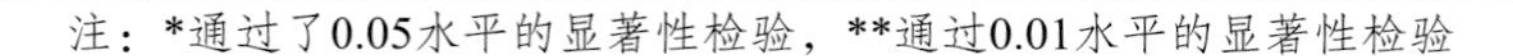
注：*通过了0.05水平的显著性检验，**通过0.01水平的显著性检验

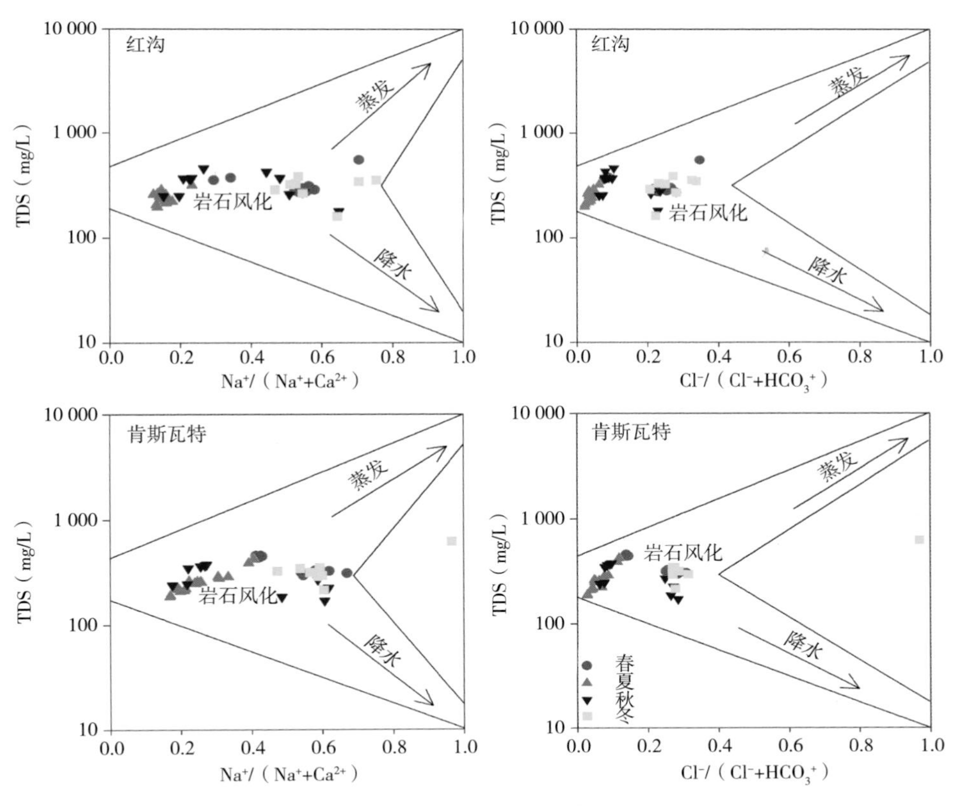

图4.41　玛纳斯河流域河水Gibbs

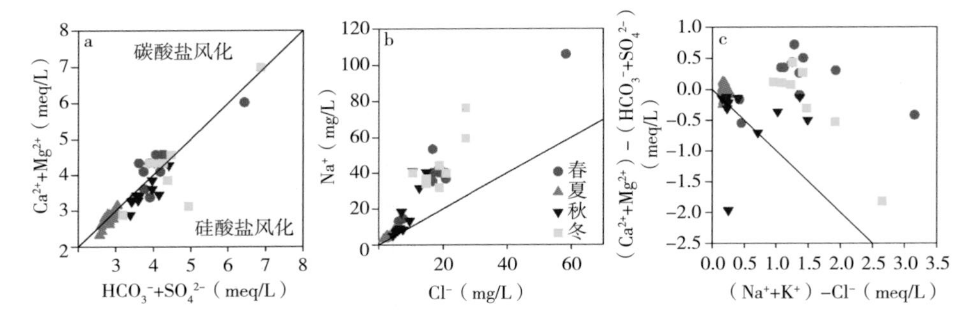

图4.42　玛纳斯河流域红沟站河水离子比

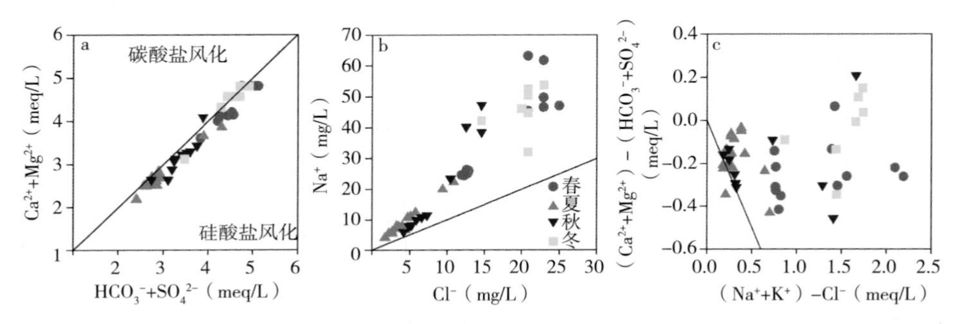

图4.43　玛纳斯河流域肯斯瓦特站河水离子比

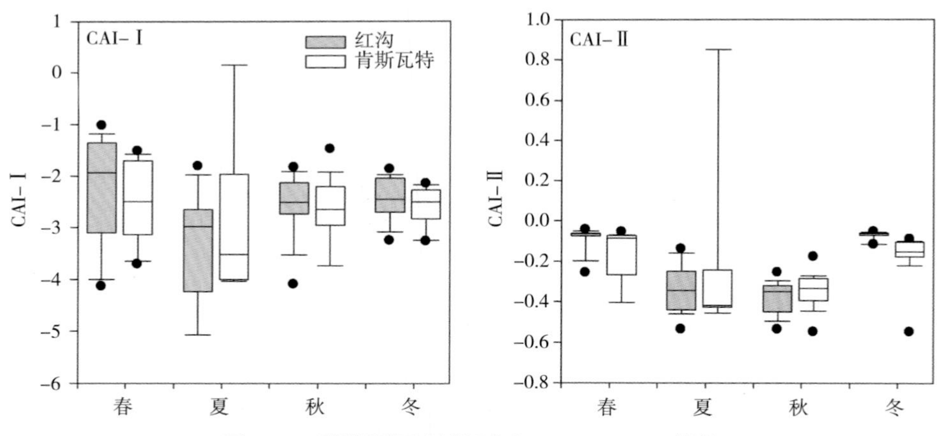

图4.44　玛纳斯河流域河水Chloro-alkaline指数

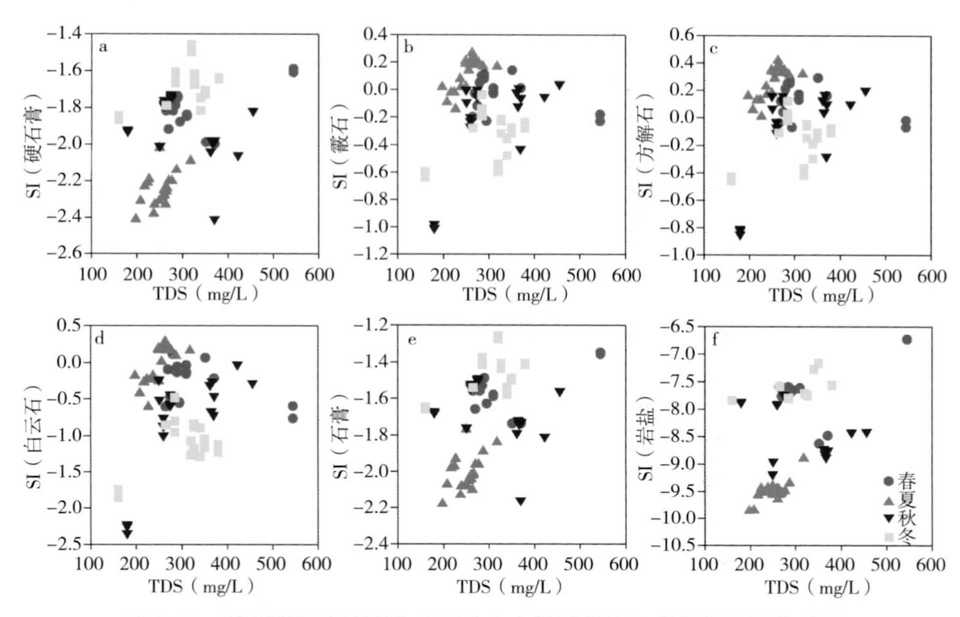

图4.45　玛纳斯河流域红沟站河水中主要矿物饱和指数与TDS的关系

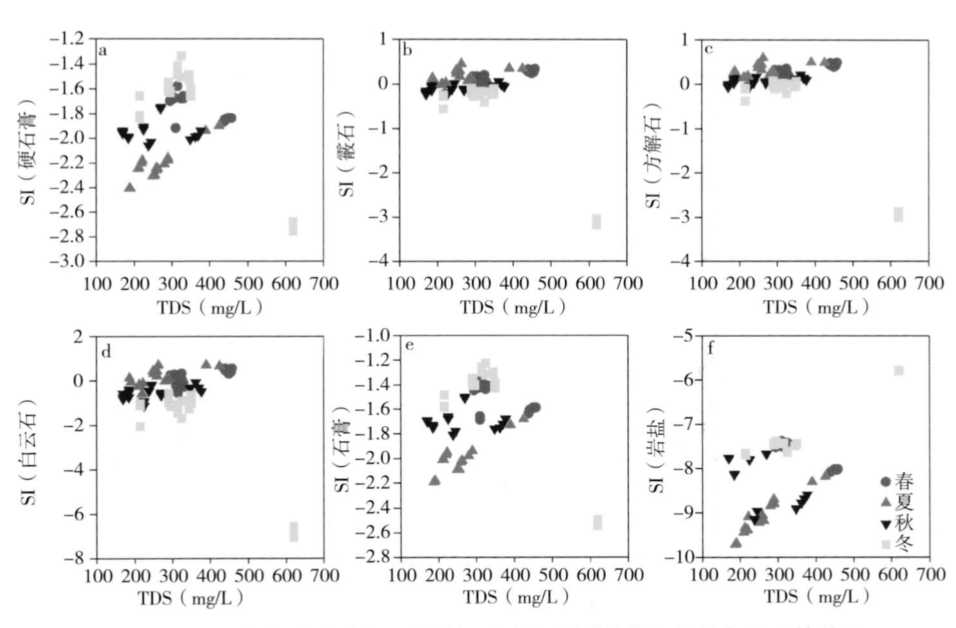

图4.46　玛纳斯河流域肯斯瓦特站河水中主要矿物饱和指数与TDS的关系

4.4.2.3 开都河

开都河流域山区河水主要化学离子与TDS都呈显著与极显著的正相关关系，且除了K^+外，其他离子与TDS的相关系数都大于0.5（表4.10），表明这些离子是逐渐汇入河水中，并导致TDS上升的。焉耆盆地河水与TDS的相关性都低于山区河水（表4.11），表明盆地河水水化学过程与山区存在显著差异。焉耆盆地地下水主要化学离子与TDS也都呈显著的正相关关系（表4.12），表明这些离子是逐渐汇入地下水中，并导致TDS上升的。但HCO_3^-与TDS的相关系数只有0.34。山区出露泉水中，仅仅HCO_3^-、Ca^{2+}与TDS存在显著的正相关关系（表4.13），表明碳酸盐溶解是山区泉水中化学离子的主要来源。

在Gibbs图中（图4.47），开都河流域河水与山区出露泉水样品都分布于图的左侧中部，平均Na^+/（Na^++Ca^{2+}）与Cl^-/（Cl^-+HCO_3^-）都小于0.5，表明玛纳斯河河水中的主要离子主要来源于岩石风化。而焉耆盆地地下水样品除了分布于图的左侧中部以外，部分样品趋向于图的右上方分布，平均Na^+/（Na^++Ca^{2+}）与Cl^-/（Cl^-+HCO_3^-）也大于0.5，表明除了岩石风化作用的影响外，蒸发也是开都河下游地下水中化学离子的重要来源。

研究区内不同季节的地表水与地下水样品都分布在（Ca^{2+}+Mg^{2+}）-（HCO_3^-+SO_4^{2-}）的1：1关系线附近（图4.48），表明碳酸盐与硫酸盐风化溶解是主要的离子来源（Weynell et al，2016；Wang et al，2016b）。山区河水与盆地地下水中HCO_3^-与Ca^{2+}、SO_4^{2-}，SO_4^{2-}与Mg^{2+}、Ca^{2+}都有极显著的正相关关系（表4.10、表4.12），表明碳酸盐与硫酸盐溶解是水中溶解物的重要来源。盆地河水中HCO_3^-与Ca^{2+}、SO_4^{2-}，SO_4^{2-}与Mg^{2+}有极显著的正相关关系（表4.11），表明碳酸盐与硫酸盐溶解也是盆地河水中溶解物的重要来源，但是过程与盆地地下水及山区河水有所差异。

除了山区出露泉水外，开都河地表水与地下水中Na^+与Cl^-的相关性都有极显著的正相关关系，盆地河水与地下水中Cl^-与SO_4^{2-}呈显著的正相关关系（表4.10至表4.12），表明流域内岩盐与蒸发岩溶解是流域Na^+与Cl^-的重要来源。然而，在Na^+与Cl^-的关系图中，仍有很多样品分布于1：1关系线上方，Na^+含量高于Cl^-含量（图4.49），表明Na^+存在其他的来源。从[（Ca^{2+}+Mg^{2+}）-（HCO_3^-+SO_4^{2-}）]与[（Na^++K^+）-Cl^-]图可以看出，大部分样品分布于1：（−1）关系线附近（图4.50），表明阳离子交换是Na^+的重要来源。从Chloro-alkaline指数（CAI-I与CAI-II指数）看（图4.51），开都河地表水与地下水Chloro-alkaline指数平均值均小于0，证明阳离子交换是重要的Na^+来源。

计算的开都河山区河水中硬石膏、霰石、方解石、白云石、石膏与岩盐的平均饱和指数分别为−2.63、0.00、0.16、−0.40、−2.37和−9.19；盆地河水中硬石膏、霰石、方解石、白云石、石膏与岩盐的平均饱和指数分别为−2.26、0.27、0.43、0.46、−2.02和−8.26；盆地地下水中硬石膏、霰石、方解石、白云石、石膏与岩盐的平均饱和指数分别为−1.99、0.05、0.21、0.27、−1.75和−7.12；山区出露泉水中硬石膏、霰石、方解石、白云石、石膏与岩盐的平均饱和指数分别为−2.77、−0.31、−0.14、−1.20、−2.55和−8.82（图4.52）。地表水与地下水中，硬石膏、白云石、石膏和岩盐的平均饱和指数均远小于0，表明在适宜的条件下，这些矿物将进一步溶解，水中溶解质的浓度还会提高。而霰石、方解石和白云石的饱和指数则大于0或者接近于0，表明这些矿物溶解是流域地表水与地下水化学离子的主要来源。

表4.10 开都河流域山区河水中主要化学指标之间的相关关系

	pH值	TDS	EC	HCO_3^-	Cl^-	SO_4^{2-}	Ca^{2+}	Mg^{2+}	K^+	Na^+
pH值	10	−0.22	−0.28*	−0.07	−0.48**	−0.14	−0.16	−0.37**	−0.69**	−0.53**
TDS		1	0.96**	0.85**	0.63**	0.56**	0.86**	0.77**	0.26*	0.50**
EC			1	0.80**	0.63**	0.65**	0.88**	0.82**	0.35**	0.58**
HCO_3^-				1	0.57**	0.15	0.73**	0.63**	0.06	0.39**
Cl^-					1	0.04	0.59**	0.50**	0.65**	0.74**
SO_4^{2-}						1	0.49**	0.59**	0.13	0.19
Ca^{2+}							1	0.52**	0.34**	0.38**
Mg^{2+}								1	0.35**	0.56**
K^+									1	0.66**
Na^+										1

注：*通过了0.05水平的显著性检验，**通过0.01水平的显著性检验

表4.11　开都河流域盆地河水中主要化学指标之间的相关关系

	pH值	TDS	EC	HCO_3^-	Cl^-	SO_4^{2-}	Ca^{2+}	Mg^{2+}	K^+	Na^+
pH值	1	−0.10	−0.15	0.42*	−0.33	−0.22	0.11	−0.45*	−0.76**	−0.24
TDS		1	0.73**	0.19	0.47*	0.49**	0.51**	0.46*	0.14	0.38*
EC			1	−0.23	0.86**	0.90**	0.16	0.79**	0.35	0.83**
HCO_3^-				1	−0.63**	−0.59**	0.62**	0.55**	−0.50**	−0.65**
Cl^-					1	0.93**	−0.24	0.82**	0.54**	0.92**
SO_4^{2-}						1	−0.11	0.84**	0.45*	0.91**
Ca^{2+}							1	−0.15	−0.08	−0.35
Mg^{2+}								1	0.62**	0.79**
K^+									1	0.35
Na^+										1

注：*通过了0.05水平的显著性检验，**通过0.01水平的显著性检验

表4.12　开都河流域盆地地下水中主要化学指标之间的相关关系

	pH值	TDS	EC	HCO_3^-	Cl^-	SO_4^{2-}	Ca^{2+}	Mg^{2+}	K^+	Na^+
pH值	1	−0.32**	−0.26**	−0.21*	−0.13	−0.23*	−0.38**	−0.26**	−0.39**	0.01
TDS		1	0.97**	0.34**	0.87**	0.88**	0.53**	0.80**	0.48**	0.70**
EC			1	0.31**	0.90**	0.93**	0.52**	0.81**	0.46**	0.75**
HCO_3^-				1	−0.05	−0.01	0.47**	0.45**	0.35**	0.01
Cl^-					1	0.91**	0.31**	0.70**	0.33**	0.77**
SO_4^{2-}						1	0.40**	0.68**	0.37**	0.72**
Ca^{2+}							1	0.38**	0.31**	−0.02
Mg^{2+}								1	0.52**	0.46**
K^+									1	0.19*
Na^+										1

注：*通过了0.05水平的显著性检验，**通过0.01水平的显著性检验

表4.13　开都河流域泉水中主要化学指标之间的相关关系

	pH值	TDS	EC	HCO_3^-	Cl^-	SO_4^{2-}	Ca^{2+}	Mg^{2+}	K^+	Na^+
pH值	1	−0.72*	−0.69	−0.80*	0.06	0.00	−0.86**	−0.11	−0.65	0.83*
TDS		1	0.74*	0.81*	−0.12	0.16	0.79*	0.15	0.46	−0.76
EC			1	0.75*	0.10	0.54	0.91**	0.59	0.49	−0.29

（续表）

	pH值	TDS	EC	HCO_3^-	Cl^-	SO_4^{2-}	Ca^{2+}	Mg^{2+}	K^+	Na^+
HCO_3^-				1	−0.44	0.14	0.78*	−0.03	0.20	−0.71
Cl^-					1	−0.06	0.19	0.71*	0.69	0.24
SO_4^{2-}						1	0.19	0.45	−0.08	0.46
Ca^{2+}							1	0.48	0.71*	−0.59
Mg^{2+}								1	0.54	0.34
K^+									1	−0.45
Na^+										1

注：*通过了0.05水平的显著性检验，**通过0.01 水平的显著性检验

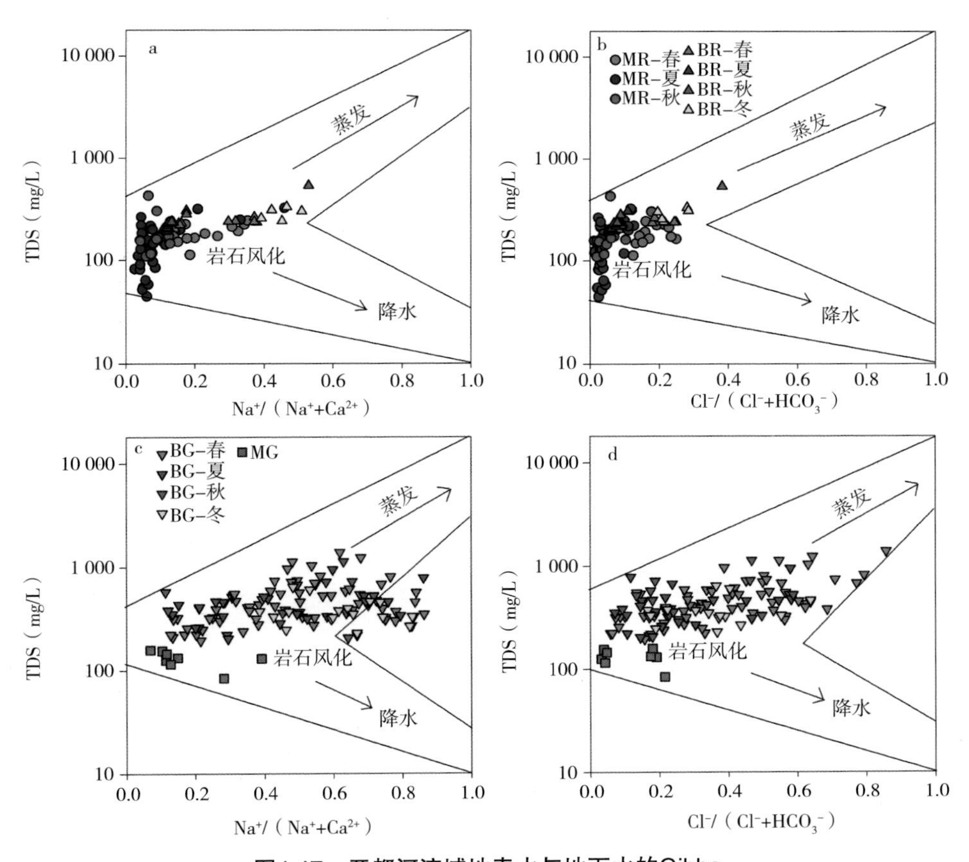

图4.47　开都河流域地表水与地下水的Gibbs

注：MR. 山区河水；BR. 焉耆盆地河水；BG. 焉耆盆地地下水；MG. 山区出露泉水。下同

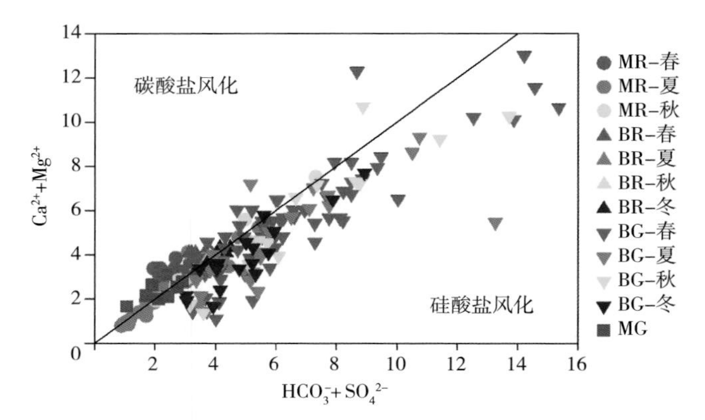

图4.48　开都河流域地表水与地下水（Ca^{2+}+Mg^{2+}）与（HCO_3^-+SO_4^{2-}）关系

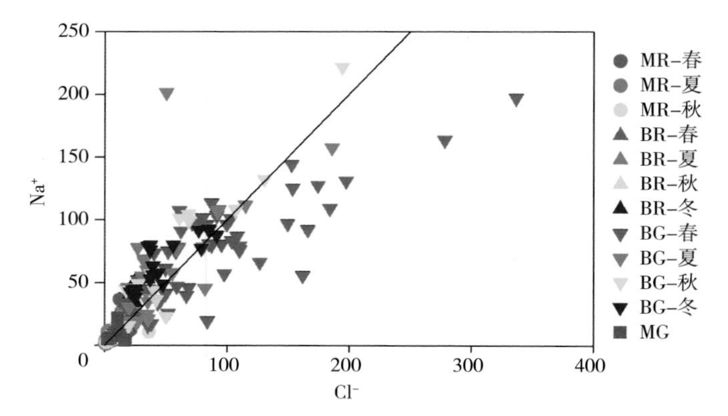

图4.49　开都河流域地表水与地下水Na^+与Cl^-关系

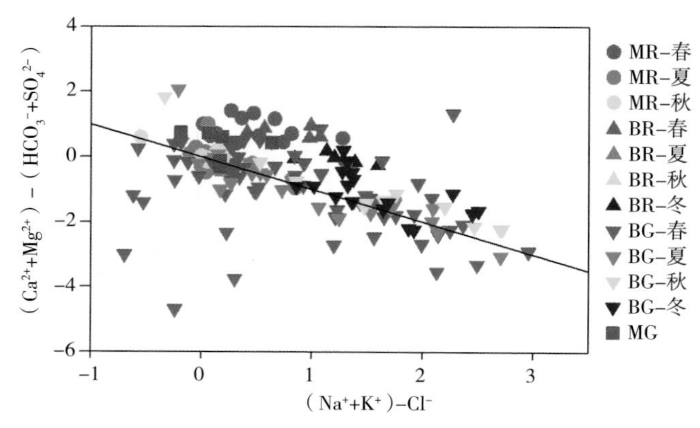

图4.50　开都河流域地表水与地下水[（Ca^{2+}+Mg^{2+}）-（HCO_3^-+SO_4^{2-}）]与[（Na^++K^+）-Cl^-]关系

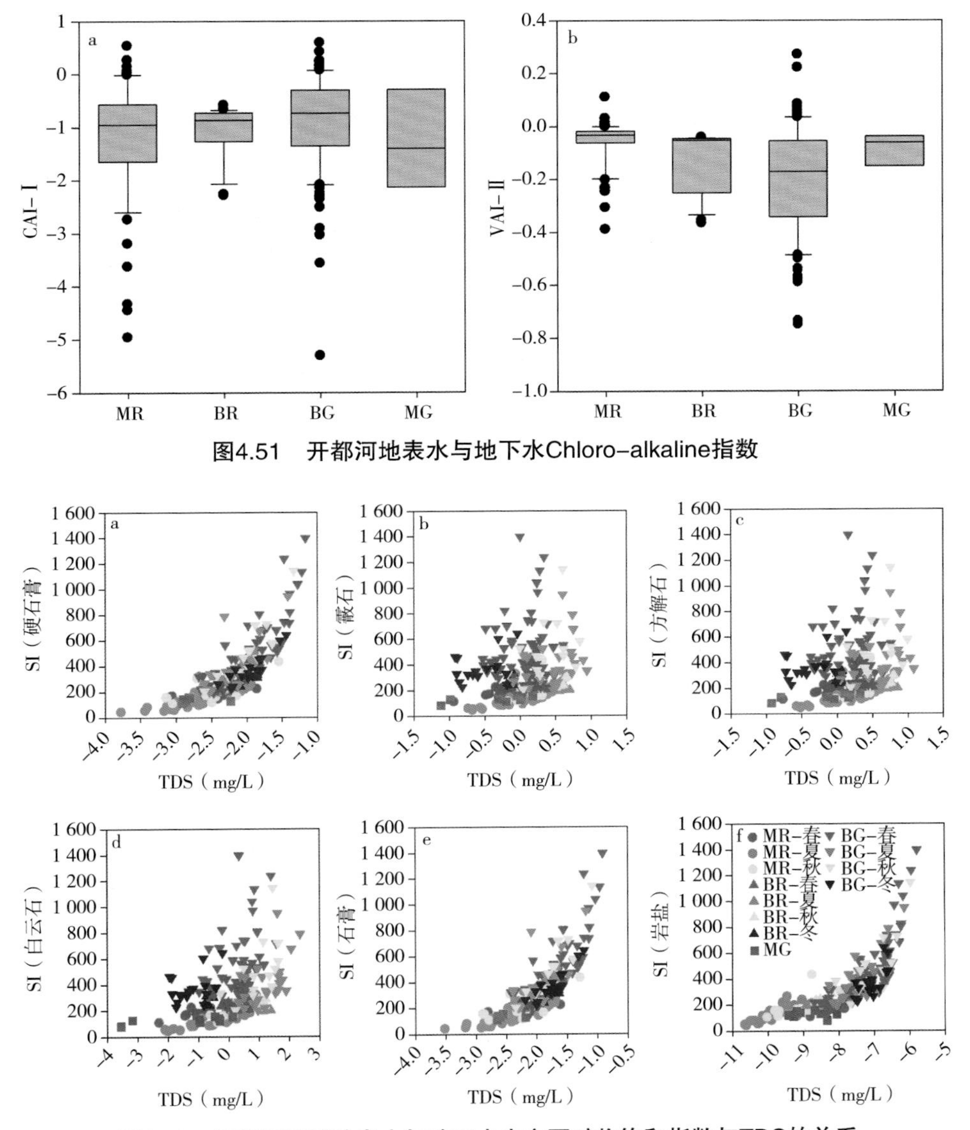

图4.51　开都河地表水与地下水Chloro-alkaline指数

图4.52　开都河流域地表水与地下水中主要矿物饱和指数与TDS的关系

4.4.2.4　黄水沟

除了K^+与Na^+外，黄水沟河水中其他主要化学离子与TDS都呈显著的正相关关系（表4.14），表明这些离子是逐渐汇入河水或地下水中的，并导致TDS上升。在Gibbs图中（图4.53），河水样品主要分布于图的左侧中部，平均Na^+/（Na^++Ca^{2+}）与Cl^-/（Cl^-+HCO_3^-）都小于0.5，表明黄水沟河水中的主要离子主要来源于岩石风化。

研究区内不同季节的河水样品并不都分布在（Ca^{2+}+Mg^{2+}）-（HCO_3^-+SO_4^{2-}）的1：1关系线附近（图4.54a），表明碳酸盐、硫酸盐与硅酸盐风化溶解都是河水中化学离子的来源（Weynell et al，2016；Wang et al，2016b）。Ca^{2+}与HCO_3^-有极显著的正相关关系，表明碳酸盐溶解是水中溶解物的重要来源。

Na^+与Cl^-存在显著正相关关系（表4.7），表明岩盐溶解是重要的Na^+来源。在Na^+与Cl^-的关系图中，有许多样品主要分布于1：1关系线上方，Na^+含量高于Cl^-含量（图4.54b），表明Na^+存在其他的来源。从Chloro-alkaline指数（CAI-I与CAI-Ⅱ指数）看（图4.55），黄水沟各季节河水Chloro-alkaline指数均小于1，表明阳离子交换在不同季节都是重要的Na^+来源。然而，在[（Ca^{2+}+Mg^{2+}）-（HCO_3^-+SO_4^{2-}）]与[（Na^++K^+）-Cl^-]图中，并非所有样品都分布在1：（-1）关系线附近（图4.54c），表明除了阳离子交换与岩盐溶解，还有其他含钠矿物溶解提供Na^+，如芒硝、钠长石等。

计算的流域河水中硬石膏、霰石、方解石、白云石、石膏与岩盐的平均饱和指数分别为-2.10、0.19、0.35、0.27、-1.86和-7.39（图4.56）。霰石、方解石和白云石的平均饱和度大于0，表明这些矿物是河水化学离子的主要来源。而硬石膏、石膏和岩盐的饱和度小于0，这些矿物的溶解均没达到饱和，在适宜的情况下，这些矿物将进一步溶解，水中溶解质的浓度也会随之提高。

表4.14　黄水沟流域河水主要化学指标之间的相关关系

	pH值	TDS	EC	HCO_3^-	Cl^-	SO_4^{2-}	Ca^{2+}	Mg^{2+}	K^+	Na^+
pH值	1	0.09	-0.03	-0.62**	0.02	0.02	-0.06	0.05	-0.09	-0.02
TDS		1	0.80**	0.50**	0.72**	0.57**	0.57**	0.42**	0.09	-001
EC			1	0.60**	0.55**	0.28	0.78**	0.34*	-0.05	-0.29
HCO_3^-				1	0.21	0.22	0.40**	0.23	-0.11	-0.23
Cl^-					1	0.32*	0.42**	0.39*	0.52**	0.19

（续表）

	pH值	TDS	EC	HCO_3^-	Cl^-	SO_4^{2-}	Ca^{2+}	Mg^{2+}	K^+	Na^+
SO_4^{2-}						1	0.05	0.29	−0.14	0.19
Ca^{2+}							1	0.12	−0.10	−0.32*
Mg^{2+}								1	0.14	0.24
K^+									1	0.12
Na^+										1

注：*通过了0.05水平的显著性检验，**通过0.01水平的显著性检验

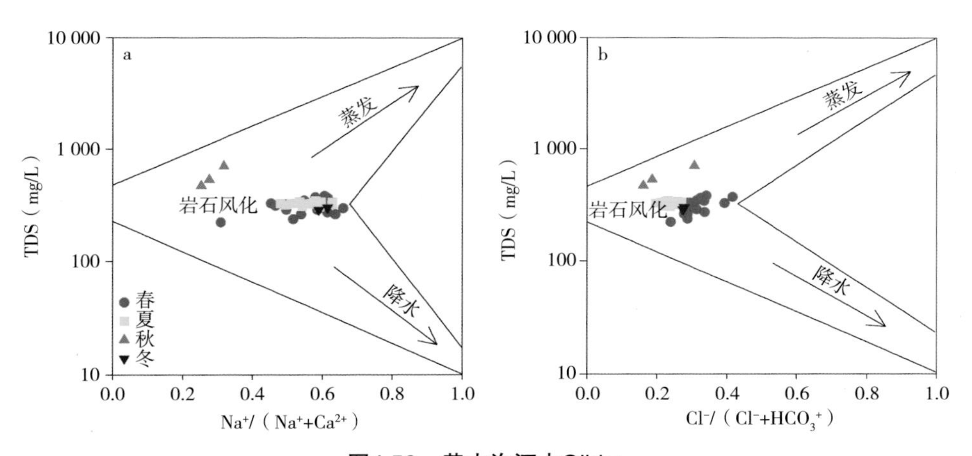

图4.53　黄水沟河水Gibbs

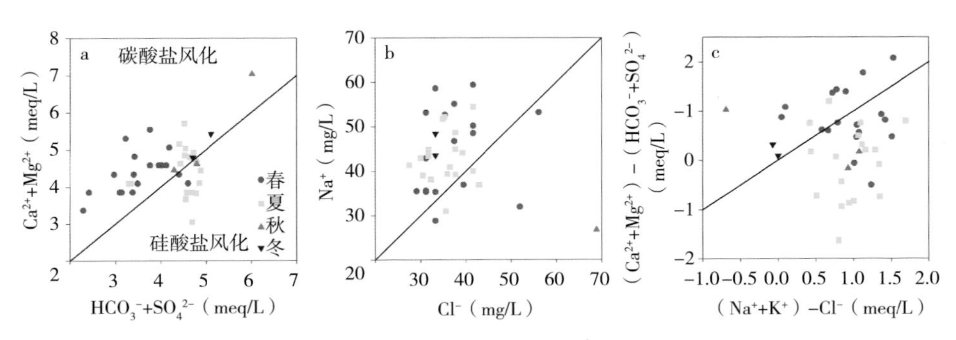

图4.54　黄水沟流域河水离子比

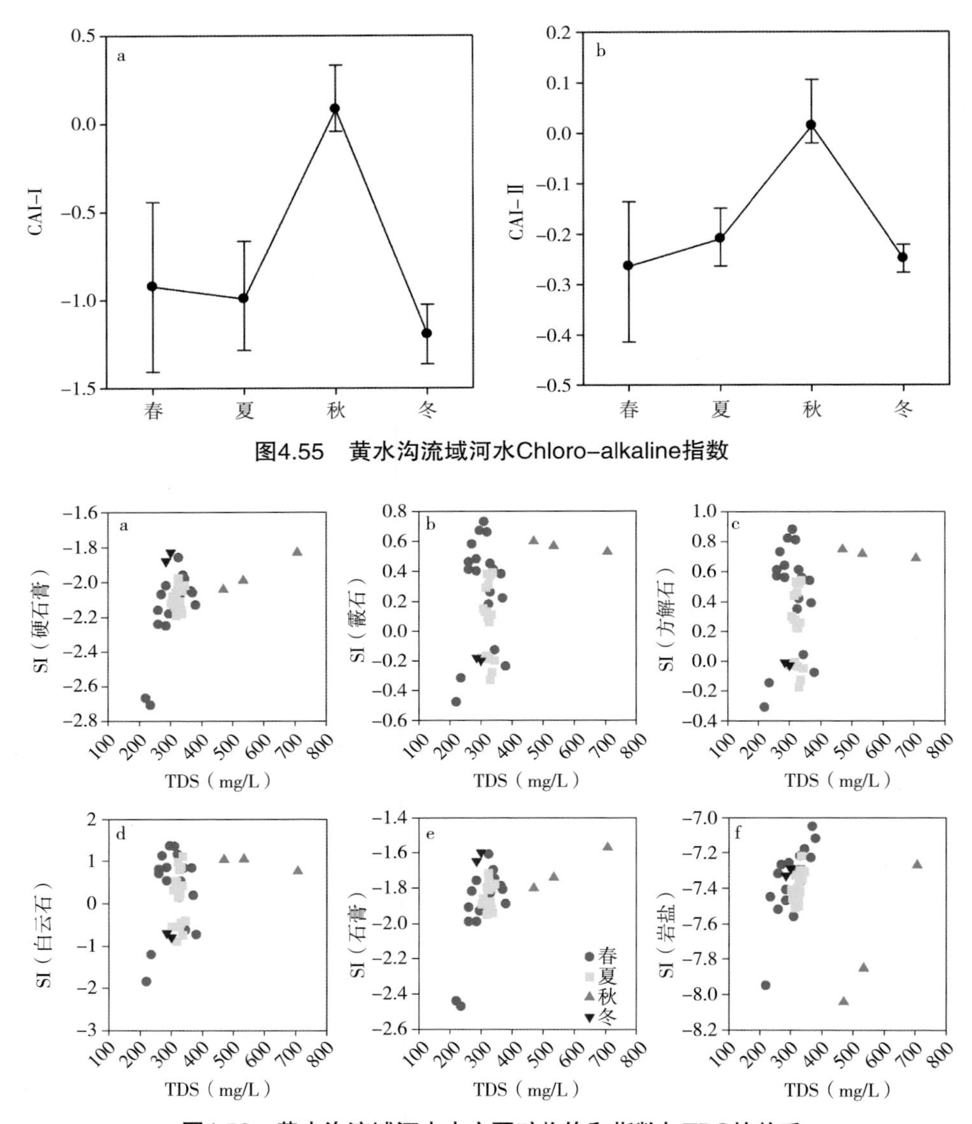

图4.55　黄水沟流域河水Chloro-alkaline指数

图4.56　黄水沟流域河水中主要矿物饱和指数与TDS的关系

4.4.2.5　阿克苏河

对于托什干河，除了Ca^{+}外，河水中其他主要化学离子与TDS都呈显著与极显著的正相关关系（表4.15）；对于库玛拉克河，除了Ca^{+}与K^{+}外，河水中其他主要化学离子与TDS都呈显著与极显著的正相关关系（表4.16）；

对于地下水，除了HCO_3^-外，地下水中其他主要化学离子与TDS都呈显著与极显著的正相关关系（表4.17）；而泉水中主要化学离子与TDS都呈显著的正相关关系（表4.18），表明这些离子是逐渐汇入河水中，并导致TDS上升的。

在Gibbs图中，托什干河河水（图4.57）、库玛拉克河河水（图4.58）与山前出露泉水（图4.60）都分布于图的左侧中部，平均Na^+/（Na^++Ca^{2+}）与Cl^-/（Cl^-+HCO_3^-）都小于0.5，表明这些水体的主要离子主要来源于岩石风化。平原区地下水样品趋向于图的右上方分布，平均Na^+/（Na^++Ca^{2+}）与Cl^-/（Cl^-+HCO_3^-）也大于0.5（图4.59），表明蒸发对平原区地下水中化学离子的影响更大。

研究区内不同季节的地表水与地下水样品都分布在（Ca^{2+}+Mg^{2+}）–（HCO_3^-+SO_4^{2-}）的1：1关系线附近（图4.61），表明碳酸盐与硫酸盐风化溶解是主要的离子来源（Weynell et al，2016；Wang et al，2016b）。托什干河河水HCO_3^-与SO_4^{2-}、SO_4^{2-}与Mg^{2+}都有极显著的正相关关系（表4.15），库玛拉克河河水HCO_3^-与Ca^{2+}、Mg^{2+}，SO_4^{2-}与Mg^{2+}有极显著的正相关关系（表4.16），地下水SO_4^{2-}与Ca^{2+}、Mg^{2+}有极显著的正相关关系（表4.17），山前出露泉水HCO_3^-与Ca^{2+}、Mg^{2+}，SO_4^{2-}与Ca^{2+}、Mg^{2+}有极显著的正相关关系（表4.18）。表明碳酸盐与硫酸盐溶解是阿克苏河流域地表水与地下水中溶解物的重要来源，但是不同水体的水化学过程有所差异。

阿克苏河流域所有水体的Na^+与Cl^-都有极显著的正相关关系，且相关系数大于0.78（表4.15至表4.18），表明岩盐溶解是水体中Na^+的重要来源。地下水与山前出露泉水中Cl^-与SO_4^{2-}呈显著的正相关关系（表4.17、表4.18），表明蒸发岩溶解也是流域Na^+与Cl^-的重要来源。然而，在Na^+与Cl^-的关系图中，尽管大部分样品分布于1：1线附近，仍有很多样品分布于1：1关系线上方，Na^+含量高于Cl^-含量（图4.62），表明Na^+存在其他的来源。从Chloro-alkaline指数（CAI-I与CAI-Ⅱ指数）看（图4.64），开都河地表水与地下水Chloro-alkaline指数平均值均小于0，证明阳离子交换是重要的Na^+来源。从[（Ca^{2+}+Mg^{2+}）–（HCO_3^-+SO_4^{2-}）]与[（Na^++K^+）–Cl^-]图可以看出，有部分样品远离1：（–1）关系线（图4.63），表明除了阳离子交换、岩盐与蒸发岩溶解，还有其他过程如含钠矿物（如芒硝、钠长石）溶解提供了Na^+。

计算的托什干河河水中硬石膏、霰石、方解石、白云石、石膏与岩盐的平均饱和指数分别为-1.98、0.26、0.41、0.62、-1.73和-7.63；库玛拉克河河水中硬石膏、霰石、方解石、白云石、石膏与岩盐的平均饱和指数分别为-1.88、0.24、0.39、0.53、-1.63和-8.46；地下水中硬石膏、霰石、方解石、白云石、石膏与岩盐的平均饱和指数分别为-1.08、0.49、0.64、1.36、-0.84和-5.52；山前出露泉水中硬石膏、霰石、方解石、白云石、石膏与岩盐的平均饱和指数分别为-1.93、0.31、0.46、0.86、-1.69和-7.65（图4.65）。地表水与地下水中，硬石膏、白云石、石膏和岩盐的平均饱和指数均远小于0，表明在适宜的条件下，这些矿物将进一步溶解，水中溶解质的浓度还会提高。而霰石、方解石和白云石的饱和指数则大于0，表明这些矿物溶解是流域地表水与地下水化学离子的主要来源。

表4.15 托什干河河水主要化学指标之间的相关关系

	pH值	TDS	EC	HCO_3^-	Cl^-	SO_4^{2-}	Ca^{2+}	Mg^{2+}	K^+	Na^+
pH值	1	0.02	−0.35*	0.24	−0.05	0.21	0.00	0.07	0.14	0.01
TDS		1	0.29	0.66**	0.62**	0.65**	0.14	0.38*	0.55**	0.84**
EC			1	0.01	0.14	0.32*	0.47**	0.51**	−0.36*	0.14
HCO_3^-				1	0.35*	0.31	−0.10	0.40*	0.47**	0.62**
Cl^-					1	0.25	0.36*	−0.18	0.43**	0.78**
SO_4^{2-}						1	0.23	0.65**	0.03	0.35*
Ca^{2+}							1	0.00	−0.27	0.10
Mg^{2+}								1	−0.19	0.04
K^+									1	0.71**
Na^+										1

注：*通过了0.05水平的显著性检验，**通过0.01水平的显著性检验

表4.16 库玛拉克河河水主要化学指标之间的相关关系

	pH值	TDS	EC	HCO_3^-	Cl^-	SO_4^{2-}	Ca^{2+}	Mg^{2+}	K^+	Na^+
pH值	1	−0.80**	0.48	−0.57*	−0.59*	−0.45	0.28	−0.76**	−0.54	−0.79**
TDS		1	−0.32	0.68*	0.62*	0.63*	−0.38	0.94**	0.45	0.85**
EC			1	−0.58*	−0.54	0.08	0.77**	−0.43	−0.59*	−0.50

（续表）

	pH值	TDS	EC	HCO_3^-	Cl^-	SO_4^{2-}	Ca^{2+}	Mg^{2+}	K^+	Na^+
HCO_3^-				1	0.53	−0.06	−0.65*	0.66*	0.90**	0.80**
Cl^-					1	0.41	−0.56*	0.79**	0.33	0.83**
SO_4^{2-}						1	0.15	0.62*	−0.33	0.29
Ca^{2+}							1	−0.51	−0.52	−0.62*
Mg^{2+}								1	0.38	0.90**
K^+									1	0.63*
Na^+										1

注：*通过了0.05水平的显著性检验，**通过0.01水平的显著性检验

表4.17　阿克苏河地下水主要化学指标之间的相关关系

	pH值	TDS	EC	HCO_3^-	Cl^-	SO_4^{2-}	Ca^{2+}	Mg^{2+}	K^+	Na^+
pH值	1	−0.62**	−0.56**	0.04	−0.60**	−0.59**	−0.68**	−0.60**	−0.67**	−0.58**
TDS		1	0.98**	-0.14	0.98**	0.92**	0.87**	0.97**	0.81**	0.99**
EC			1	−0.13	0.98**	0.89**	0.84**	0.96**	0.71**	0.99**
HCO_3^-				1	−0.18	−0.09	−0.30	−0.07	−0.16	−0.12
Cl^-					1	0.82**	0.83**	0.92**	0.75**	0.98**
SO_4^{2-}						1	0.85**	0.94**	0.82**	0.90**
Ca^{2+}							1	0.84**	0.79**	0.83**
Mg^{2+}								1	0.79**	0.95**
K^+									1	0.76**
Na^+										1

注：*通过了0.05水平的显著性检验，**通过0.01水平的显著性检验

表4.18　阿克苏河流域出露泉水主要化学指标之间的相关关系

	pH值	TDS	EC	HCO_3^-	Cl^-	SO_4^{2-}	Ca^{2+}	Mg^{2+}	K^+	Na^+
pH值	1	0.11	0.31	0.15	0.30	−0.13	0.18	0.03	−0.11	0.22
TDS		1	0.80**	0.95**	0.91**	0.90**	0.63**	0.97**	0.93**	0.98**
EC			1	0.86**	0.83**	0.62**	0.82**	0.79**	0.63**	0.79**
HCO_3^-				1	0.91**	0.75**	0.69**	0.93**	0.84**	0.92**
Cl^-					1	0.73**	0.60*	0.82**	0.77**	0.98**

（续表）

	pH值	TDS	EC	HCO_3^-	Cl^-	SO_4^{2-}	Ca^{2+}	Mg^{2+}	K^+	Na^+
SO_4^{2-}						1	0.50*	0.89**	0.92**	0.83**
Ca^{2+}							1	0.69	0.48	0.57*
Mg^{2+}								1	0.89	0.89**
K^+									1	0.87**
Na^+										1

注：*通过了0.05水平的显著性检验，**通过0.01水平的显著性检验

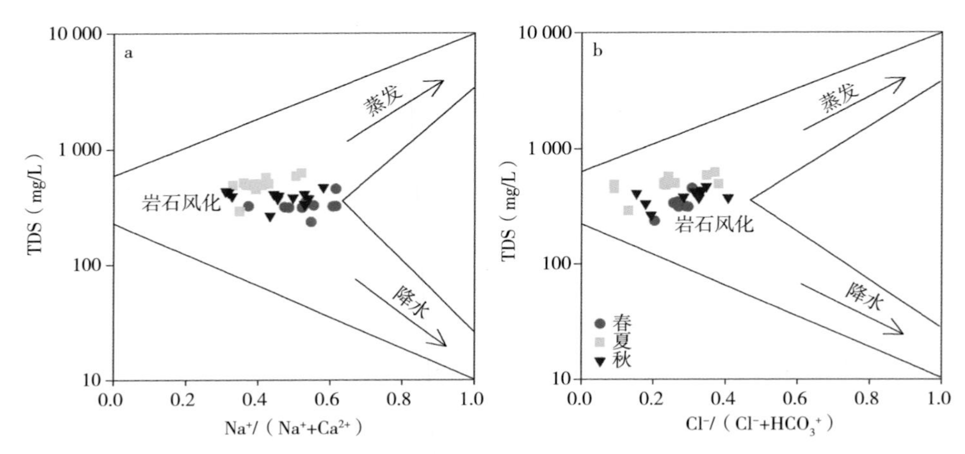

图4.57　托什干河河水Gibbs

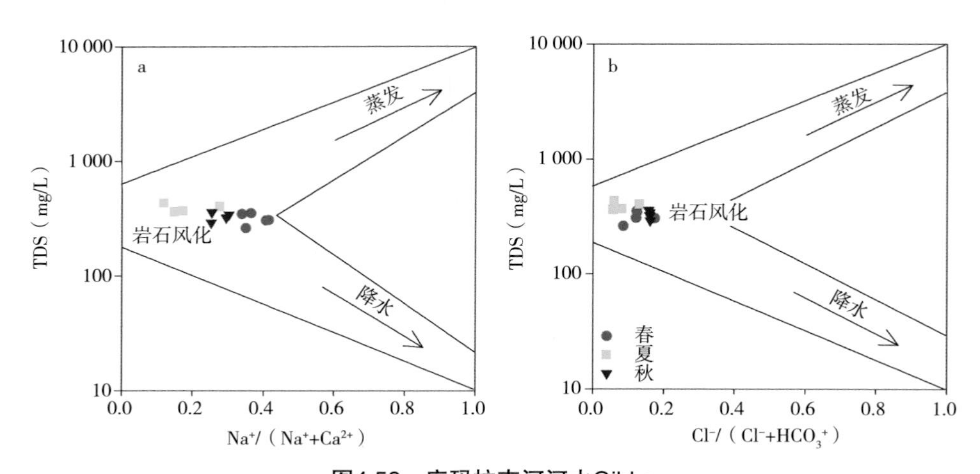

图4.58　库玛拉克河河水Gibbs

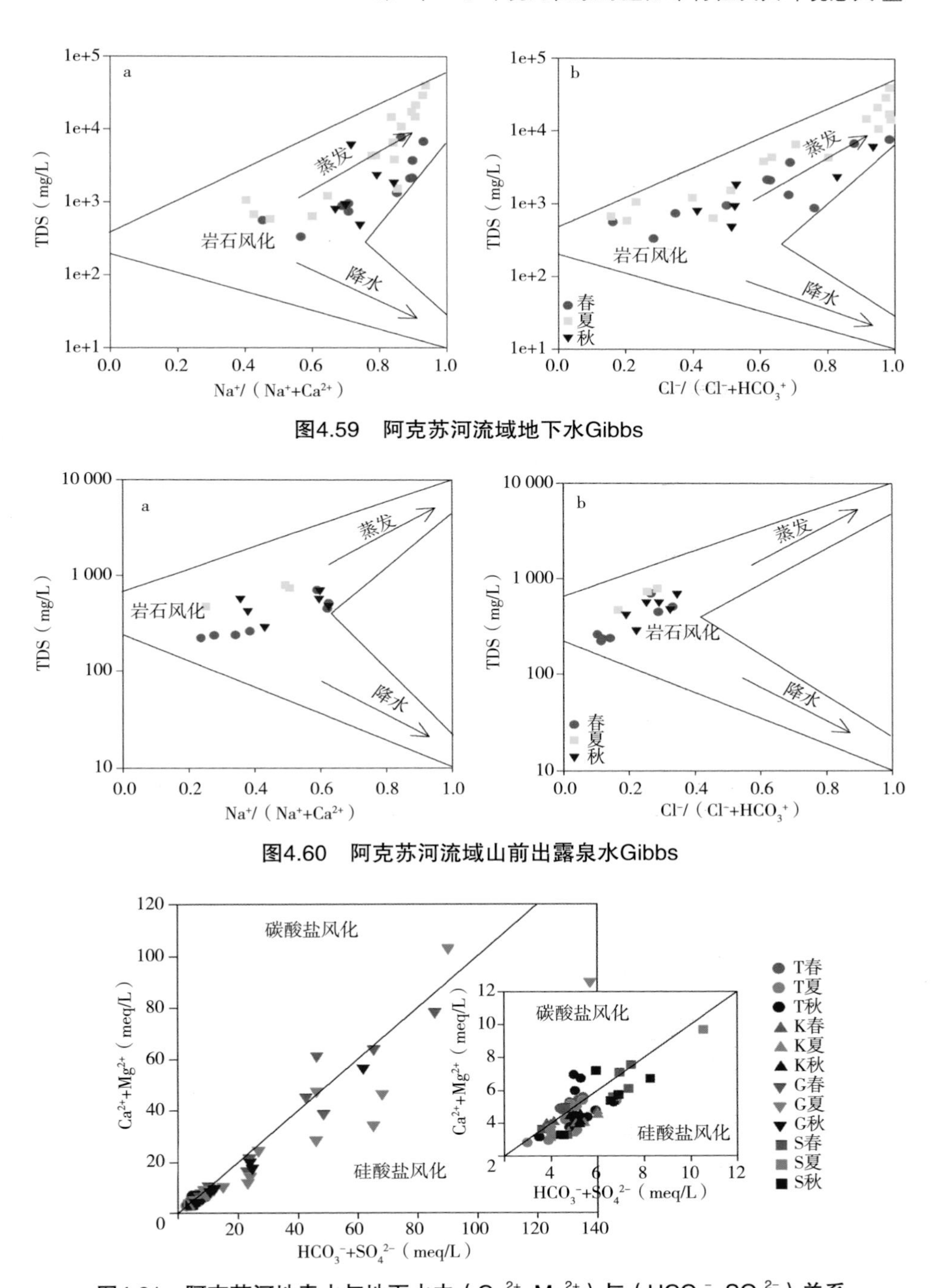

图4.59　阿克苏河流域地下水Gibbs

图4.60　阿克苏河流域山前出露泉水Gibbs

图4.61　阿克苏河地表水与地下水中（$Ca^{2+}+Mg^{2+}$）与（$HCO_3^-+SO_4^{2-}$）关系

注：T. 代表托什干河；K. 代表库玛拉克河；G. 代表地下水；S. 代表山泉出露泉水。下同

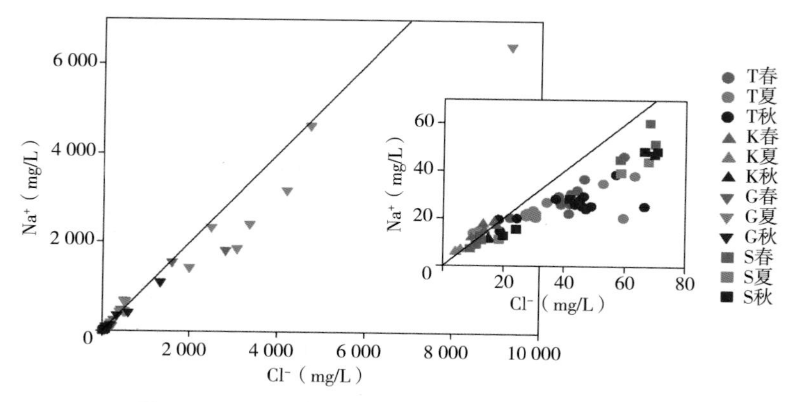

图4.62 阿克苏河地表水与地下水中Na^+与Cl^-关系

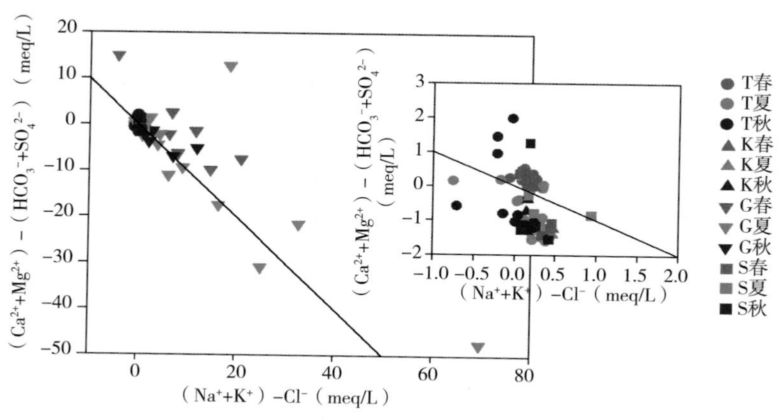

图4.63 阿克苏河地表水与地下水中[（Ca^{2+}+Mg^{2+}）−（HCO_3^-+SO_4^{2-}）]与[（Na^++K^+）−Cl^-]关系

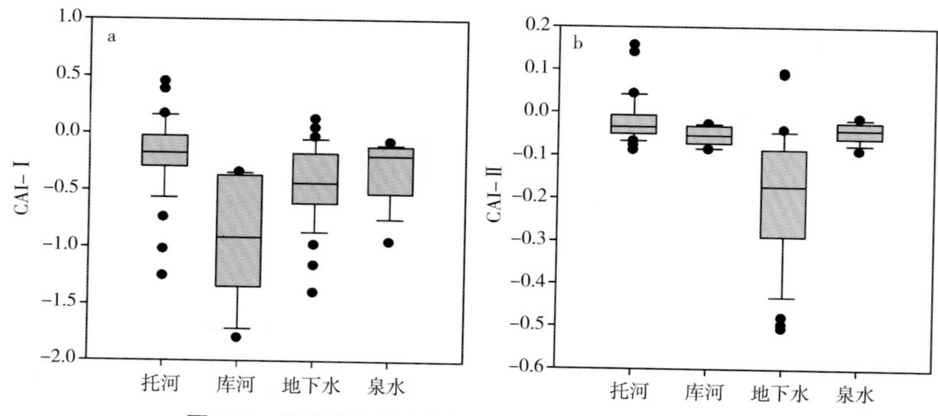

图4.64 阿克苏河地表水与地下水Chloro-alkaline指数

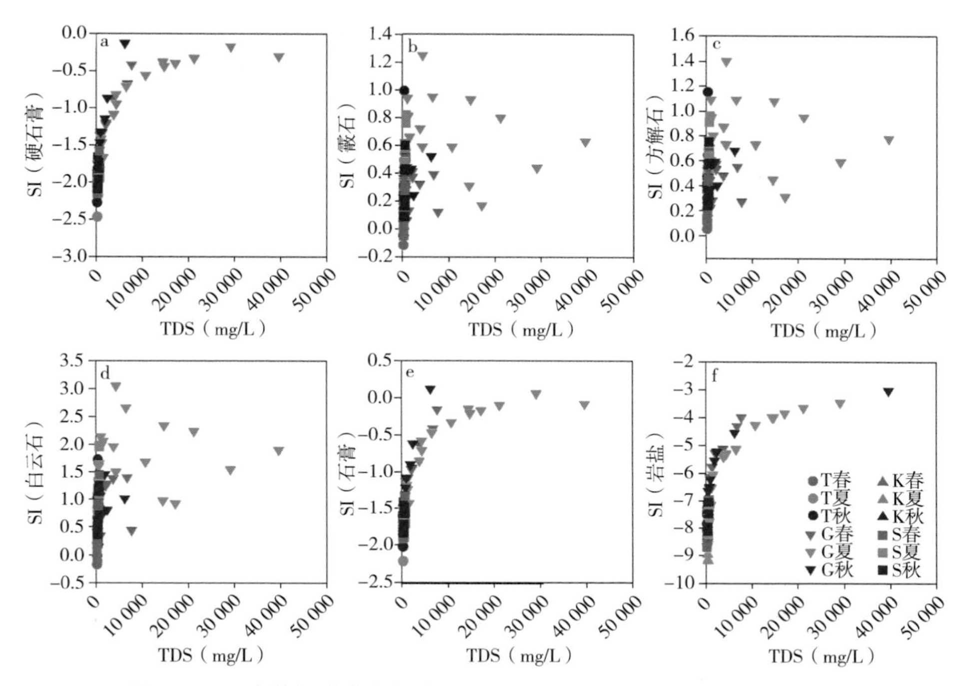

图4.65　阿克苏河地表水与地下水中主要矿物饱和指数与TDS的关系

4.5　小结

本节基于天山南、北坡典型流域的降水、地表水与地下水的氢氧稳定同位素，研究了天山地区水体同位素的时空分布特征与环境意义，得出了以下主要结论。

（1）降水$\delta^{18}O$、$\delta^{2}H$与d-excess的平均值分别为−8.31‰、−58.07‰与8.43‰。$\delta^{18}O$与$\delta^{2}H$冬季低、夏季高，d-excess则是夏季变化幅度小，冬季变化幅度大。$\delta^{18}O$与气温、水汽压有显著的正相关关系，与相对湿度有显著的负相关关系。由于云下二次蒸发的影响，红沟站与肯斯瓦特站的LMWL的斜率与截距都小于GMWL。

（2）天山北坡河水$\delta^{18}O$、$\delta^{2}H$与d-excess的平均值分别为−10.37‰、−69.30‰与13.49‰。天山南坡河水$\delta^{18}O$、$\delta^{2}H$与d-excess的平均值分别为−10.67‰、−70.35‰与14.96‰。天山南北坡河水同位素组成没有显著的差异。河水同位素的季节变化远小于降水，不同流域、不同季节，河水同位素随环境因子的反应不同。南坡河水蒸发线的斜率和截距均高于北坡。

（3）地下水$\delta^{18}O$、$\delta^{2}H$与d-excess的平均值分别为−10.37‰、−68.94‰与14.04‰。与流域平原区河水同位素组成相近，表明河水与地下水的交互作用频繁。开都河与阿克苏河地下水同位素没有显著的差异，且都没有显著的季节变化。不同类型的地下水的蒸发线差异很大，但受蒸发分馏的影响，平原区地下水的斜率和截距都显著低于LMWL与GMWL。

（4）天山南北坡地表水与地下水主要为弱碱性水。山区河水的含盐量低于平原区河水，平原区河水的含盐量低于平原区地下水。河水的主要水化学类型为Ca^{2+}−HCO_3^-型、Ca^{2+}−HCO_3^-−SO_4^{2-}型、Ca^{2+}−SO_4^{2-}−HCO_3^-型、Ca^{2+}−Mg^{2+}−HCO_3^-−SO_4^{2-}型。地下水水化学类型以混合型为主，且Na^+、Cl^-与SO_4^{2-}离子含量比例升高。各流域地表水与地下水中主要化学离子含量的季节变化各不相同。岩石风化是河水水化学的主要控制过程，而平原区地下水水化学同时受化学风化与蒸发的控制。天山北坡以方解石与霰石风化溶解为主，南坡以方解石、霰石和白云石风化为主。在适宜的条件下，天山南、北坡各流域的石膏、硬石膏与岩盐都可能进一步风化溶解，水体含盐量将会进一步升高。阳离子交换是另一个影响天山南、北坡各流域水化学的过程。

第5章　降水水汽来源

天山位于亚欧大陆腹地，气候干燥，降水稀少。水资源短缺与时空分布不均是阻碍区域生态与社会经济发展的重要因素。天山作为“中亚水塔”，是天山地区主要的水资源来源（Quincey et al，2018；Bolch，2017）。天山中山森林带是天山地区重要的森林资源分布区，也是天山地区主要的水资源形成区与储存区（Chen et al，2016；Farinotti et al，2015）。了解天山森林带降水水汽来源对于了解气候变化背景下天山水循环过程与水资源变化具有重要意义。然而，这一区域观测站稀少，且主要分布于山脚平原区，尽管遥感资料与再分析资料已经非常丰富，然而，天山地区地形复杂，各参数时空差别大，遥感资料或再分析资料的分辨率往往又很低，这一区域的遥感资料或再分析资料的可信度很低（Xu et al，2018；Tang et al，2017a）。缺乏可靠的高时空分辨率的数据成了区域水文研究的难点（Zhang et al，2016；2015a；2015b）。降水同位素记录了很多过去的和现在的气候水文信息，是研究区域乃至全球过去与当代水循环过程的客观稳定的示踪剂（Apaestegui et al，2018；Gazquez et al，2018）。区域降水同位素往往与气象条件（气温、降水）和地理条件（海拔、距海距离）相关（Dansgaard，1964）。在现代环境中，降水同位素组成是水的起源、相变以及传输路径的稳定示踪剂（Bowen et al，2018；Krklec et al，2018；Bonne et al，2014；Crawford et al，2013）。

本研究通过分析天山北坡玛纳斯河流域中山森林带的红沟与低山草原带的肯斯瓦特的降水同位素特征，结合拉格朗日后向轨迹模型和端元混合模型分析天山北坡森林带与山地草原带的水汽来源。本研究的目标是：一是分析天山北坡森林带与草原带降水水汽来源，确定蒸发、蒸腾以及外来水汽对降水水汽的贡献；二是分析降水水汽来源的影响因素；三是分析不同水汽来源对降水同位素的影响。了解内陆地区中海拔山区的降水水汽来源及其对降水同位素的影响对于了解区域水循环过程以及重建区域古气候资料具有重要意义。

5.1 方法

5.1.1 混合单粒子拉格朗日积分轨迹模式

混合单粒子拉格朗日积分轨迹模式（Hybrid Single-Particle Lagrangian Integrated Trajectory，简称HYSPLIT）是美国国家海洋与大气管理局（National Oceanic and Atmospheric Administration）大气资源实验室（Air Resources Laboratory）开发的可以辅助研究大气气团运动轨迹的系统（Draxler & Rolph，2016；Draxier & Hess，1998）。常用于大气气团、污染物的运移轨迹以及建立源—受体关系研究（Krklec et al，2018；Krklec & Dominguez-Villar，2014；Crawford et al，2013）。本节使用的是HYSPLIT 4。模式运行所用气象资料为美国国家环境预报中心运行的全球同化数据系统（Global Data Assimilation System，简称GDAS），空间分辨率为1°×1°（Kleist et al，2009）。

后向轨迹模拟需要输入起算时间、回溯天数、地点以及起算高度。起算时间依据每次降水初始时间的气象记录。回溯时间为10天（Wang et al，2017）。起算地点为玛纳斯河流域红沟站。起算高度即发生降水的高度，本研究以抬升凝结高度（lifting condensation level，简称LCL）作为后向轨迹起算高度（Sodemann et al，2008）。抬升凝结高度可以根据冷凝高度气温与气压、地表气温与气压等气象参数，基于拉普拉斯压高公式估算（Berberan-Santos et al，1997），见式（5-1）。

$$H_{LCL}=18400\left(1+\frac{t_{mean}}{273}\right)\lg\frac{P}{P_{LCL}} \quad (5-1)$$

式中，t_{mean}（℃）是冷凝高度气温（T_{LCL}）与观测站点地表气温的平均值；P与P_{LCL}分别为观测站点地表气压与冷凝高度气压（hPa）。冷凝高度气压可以根据式（5-2）计算（Barnes，1968）。

$$P_{LCL} = P\left(\frac{T_{LCL}}{T}\right)^{3.5} \qquad (5\text{-}2)$$

式中，T_{LCL}与T分别为冷凝高度气温与观测站点地表气温（K）。冷凝高度气温可以根据式（5-3）计算（Barnes，1968）。

$$T_{LCL} = T_d - \left(0.001296T_d + 0.1963\right)\left(T - T_d\right) \qquad (5\text{-}3)$$

式中，T与T_d分别是观测站点地表气温与露点温度（℃）。

为了进一步确定降水水汽进入气团的时间与地点，从气团运移轨迹上水汽的补给强度来判断水的起源地。就是在后向回溯的过程中，以6小时为时间间隔，如果较早时刻的比湿高于后一时刻的比湿且超过0.2g/kg，且气团轨迹模拟高度位于大气边界层以下时，则该时间点所对应的位置即判断为水汽起源地。

5.1.2　端元混合模型

基于质量守恒定律和同位素平衡模型，外来水汽、蒸发水汽和蒸腾水汽对降水水汽的贡献可以用三端元混合模型估算（Wang et al，2016b；van der Ent et al，2010），见式（5-4）、式（5-5）。

$$\delta_{pv} = \delta_{tr} f_{tr} + \delta_{ev} f_{ev} + \delta_{adv} f_{adv} \qquad (5\text{-}4)$$

$$f_{tr} + f_{ev} + f_{adv} = 1 \qquad (5\text{-}5)$$

式中，f_{tr}、f_{ev}、f_{adv}分别代表植物蒸腾水汽、地表蒸发水汽以及外来水汽对降水水汽的贡献率；δ_{pv}、δ_{tr}、δ_{ev}与δ_{adv}分别代表降水水汽、蒸腾水汽、地表蒸发水汽和外来水汽的同位素组成。

降水水汽中的同位素值（δ_{pv}）可以通过降水同位素值（δ_p）计算（Gibson & Reid，2014），见式（5-6）。

$$\delta_{pv} = \frac{\delta_p - k\varepsilon^+}{1 + k\varepsilon^+} \qquad (5\text{-}6)$$

式中，δ_p为降水的同位素组成；k为调节因子；ε^+是水和水汽之间的平衡分馏系数，如式（5-7）。

$$\varepsilon^+ = \alpha^+ - 1 \qquad (5\text{-}7)$$

式中，α^{+}为基于温度（K）的平衡分馏因子（Horita & Wesolowski，1994），具体见式（5-8）、式（5-9）。

$$^{2}\alpha=\exp\left(\frac{24.844\times10^{3}}{T^{2}}-\frac{76.248}{T}+52.612\times10^{-3}\right)\tag{5-8}$$

$$^{18}\alpha=\exp\left(\frac{1.137\times10^{3}}{T^{2}}-\frac{0.4156}{T}-2.0667\times10^{-3}\right)\tag{5-9}$$

蒸发水汽同位素（δ_{ev}）可以通过简化的Craig-Gordon（1965）模型计算，见式（5-10）。

$$\delta_{ev}\approx\frac{\delta_{s}/\alpha^{+}-h\delta_{adv}-\varepsilon}{1-h+\varepsilon_{k}}\tag{5-10}$$

式中，δ_{s}为当地地表水同位素组成；δ_{adv}为上风向水汽同位素组成；h为相对湿度；ε为总分馏系数；ε_{k}为动力分馏因子。

总分馏系数定义为式（5-11）（Skrzypek et al，2015）。

$$\varepsilon=\varepsilon^{+}+\varepsilon_{k}\tag{5-11}$$

动力分馏因子ε_{k}可以根据式（5-12）、式（5-13）计算（Gat，1996；Gonfiantini，1986）。

$$^{2}\varepsilon_{k}=12.5(1-h)\tag{5-12}$$

$$^{18}\varepsilon_{k}=14.2(1-h)\tag{5-13}$$

上风向的水汽同位素值（δ_{adv}）可以根据瑞利分馏公式计算，见式（5-14）。

$$\delta_{adv}=\delta_{pv\text{-}adv}+(\alpha^{+}-1)\mathrm{In}F\tag{5-14}$$

式中，$\delta_{pv\text{-}adv}$为上风向降水水汽同位素值，可以通过式（5-6）计算；F为剩余水汽比率，可采用可降水量进行估算（Wang et al，2016b）。

在稳定状态下，相对于当地植物所用水源，植物蒸腾水汽同位素（δ_{tr}）不会发生分馏（Yakir & Sternberg，2000）。玛纳斯河流域植被的主要水源是降水和冰雪融水转化成的地下水与地表水，而玛纳斯河河水是各种水体的混合物（Chen et al，2018），因此选用河水同位素作为植物蒸腾水汽同位素。

5.2 降水同位素对水汽来源的指示意义

d-excess反映了水汽源区的湿度、温度等特征，同一区域，相近的d-excess表明相同的水汽来源（Yamanaka & Shimizu，2007；Gat，1994；Dansgaard，1964）。尽管肯斯瓦特降水平均氢氧稳定同位素高于红沟降水平均氢氧稳定同位素，但两地的平均d-excess极为接近，表明两地的水汽来源一致。而两地的d-excess都低于10‰，表明内陆再循环水汽对当地降水具有重要的贡献（Guo et al，2017；Kong et al，2013；Froehlich et al，2008）。云下二次蒸发会降低降水的d-excess值，尤其是干旱区（Kong et al，2013；Froehlich et al，2008）。而蒸发强度主要受雨滴降落过程所经过的大气相对湿度以及周围大气水汽的氢氧同位素影响（Jeelani et al，2018）。除了冬季，红沟和肯斯瓦特都有一些降水的d-excess为负值。冬季也有一些降水的d-excess值低于10‰，这与水汽来源以及水汽输送距离有关（Guo et al，2017）。

5.3 拉格朗日模型对水汽来源的验证

图5.1（raw）展示了2015年8月至2016年7月红沟降水前10天的气团运移轨迹。红沟降水前的气团运移轨迹比较一致，主要来自北方或者西北方向（图5.1、图5.2）。根据气团运移轨迹，红沟的水汽来源可以分为：北冰洋水汽、大西洋水汽、地中海—黑海—里海水汽、亚欧大陆再循环水汽4部分。同时也发现了来自东部或者西南部红海、波斯湾的气团，然而，这部分气团出现频率极低。从季节上看，红沟各季节水汽来源没有显著的差异，但大西洋水汽夏季出现的频率高于其他季节，地中海—黑海—里海水汽春季出现的频率高于其他季节。

拉格朗日后向轨迹模型被广泛用于水汽、粉尘等的运移轨迹研究，然而，传统的后向轨迹模型设置为相同的运行时间，没有考虑可能引起错误识别水汽源的气象变量，因此难以确定水汽是在哪一位置显著进入气团的。技术上很容易获得降水前10天气团的运移轨迹，但水汽的补给未必发生在10天前那么早。为了更具体的确定水汽来源，本研究基于比湿，从轨迹上水汽的补给强度角度来判断水汽的源地（Crawford et al，2013；Sodemann et al，2008）。结果表明，红沟各个季节降水的后向轨迹相对于调整前的都缩短了，降水水汽来源主要包括亚欧大陆再循环水汽和黑海—里海水汽，降水水汽直接来源于大西洋或北冰洋的降水频次很低[图5.1（adjust）]。

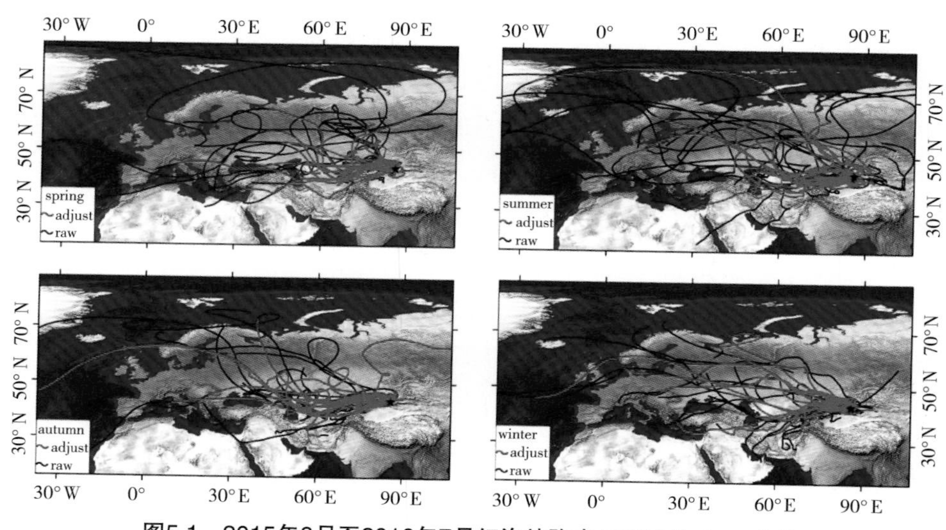

图5.1　2015年8月至2016年7月红沟站降水日原始的（raw）和经过比湿判断后的（adjust）后向轨迹时空分布

土地利用卫星地图来源于Natural Earth（http：//www.naturalearthdata.com）

本研究结果与Dai等（2007）基于ERA-40再分析数据对新疆，Wei等（2017）基于NCEP再分析数据和后向轨迹分析对北疆，Tian等（2007）基于NCEP/NCAR再分析数据和降水同位素数据，Liu等（2015）基于降水和冰川同位素及Wang等（2017）基于降水同位素、NCEP/NCAR数据和拉格朗日后向轨迹模型对北疆的研究结果一致，天山北坡降水水汽主要来源于西方或者西北方向。但基于比湿校正后的水汽运移轨迹表明红沟降水水汽主要来源于亚欧大陆再循环水汽和黑海—里海蒸发水汽，与前人认为主要来源于大西洋和北冰洋有所差异，但与Wang等（2017）的研究结果相近。事实上，受地形的影响，天山山区，尤其是迎风坡，地形雨占区域年降水量的很大比重。

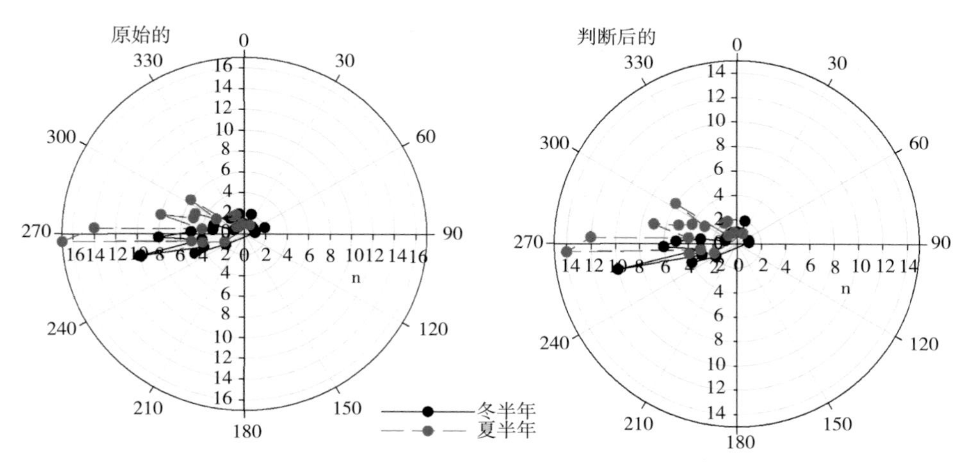

图5.2　2015年8月至2016年7月红沟站不同方向水汽源地的分布情况

5.4　再循环水汽的贡献

表5.1展示了蒸发水汽、蒸腾水汽以及外来水汽对森林带与草原带降水的贡献比。蒸发水汽对森林带春、夏、秋、冬降水水汽的贡献分别为3.67%、1.22%、2.69%和0.37%，对草原带春、夏、秋、冬降水水汽的贡献分别为2.46%、1.27%、4.36%和0.53%；植物蒸腾水汽对森林带春、夏、秋、冬降水水汽的贡献分别为0.42%、5.35%、1.12%和0.01%，对草原带春、夏、秋、冬降水水汽的贡献分别为1.70%、3.79%、0.95%和0.01%。

春季，尽管森林带气温低于草原带，但森林带海拔高，春季积雪时间长，可以提供充足的蒸发水汽源，蒸发水汽对森林带降水水汽的贡献大于草原带。其他季节，草原带气温更高，蒸发更加旺盛，蒸发水汽对草原带降水水汽的贡献高于红沟。春季，海拔较低的草原带升温快，而冬季积雪融水提供了充足的水源，植被得以快速复苏，植物蒸腾水汽对草原带降水水汽的贡献高于海拔较高、气温回升慢的红沟。冬季，气温低，植物蒸腾都非常微弱，植物蒸腾水汽对降水的贡献可以忽略。森林带云杉林连片分布，植物生长季，森林的蒸腾比草地旺盛，森林区蒸腾水汽对降水水汽的贡献比草地大。

再循环水汽对红沟站降水的贡献高于同样位于森林带的乌鲁木齐河流域的后峡站，再循环水汽对5月、6月、7月降水水汽的贡献比分别为1.2%、1.8%和0.9%，这是因为红沟海拔比后峡低，气温高，蒸发与蒸腾的动力条件更好（Kong & Pang，2013）。与玛纳斯河流域平原区的石河子相比，尽管水汽来源相似，然而，再循环水汽的贡献存在差异，夏季，蒸发与蒸腾水汽对石河子降水水汽的贡献分别为0.6%与2.8%，低于草原带的肯斯瓦特，也低于森林带的红沟。尽管石河子气温更高，蒸发潜力更大，然而，石河子位于人工绿洲中间，绿洲分布不像红沟的森林带与肯斯瓦特的草原带那样成大片连续分布，蒸发蒸腾潜力低。

表5.1　春、夏、秋、冬四季红沟站与肯斯瓦特站气象参数（T–气温，H–相对湿度）与不同组分氢氧稳定同位素组成（δ^{18}O、δ^{2}H）统计

站点	季节	T（℃）	H（%）	$\delta^{18}O_p$（‰）	$\delta^{2}H_p$（‰）	$\delta^{18}O_{pv}$（‰）	$\delta^{2}H_{pv}$（‰）	$\delta^{18}O_{evap}$（‰）	$\delta^{2}H_{evap}$（‰）
红沟	春	4.33	66.71	−11.92	−83.22	−16.57	−127.39	−19.89	−130.60
	夏	−7.38	61.49	−4.94	−32.05	−11.22	−78.78	−14.19	−83.39
	秋	7.28	72.13	−13.18	−95.19	−18.78	−138.96	−22.97	−140.65
	冬	18.32	89.45	−22.97	−172.21	−28.21	−229.39	−31.95	−229.88
肯斯瓦特	春	6.31	61.29	−10.80	−72.76	−16.54	−126.69	−20.99	−133.10
	夏	−7.25	58.17	−5.58	−34.91	−11.20	−78.81	−13.59	−86.39
	秋	9.99	68.64	−11.59	−82.57	−18.85	−139.70	−22.97	−144.65
	冬	21.18	86.15	−12.79	−92.52	−25.20	−215.00	−31.96	−232.88

站点	季节	$\delta^{18}O_{tr}$（‰）	$\delta^{2}H_{tr}$（‰）	$\delta^{18}O_{adv}$（‰）	$\delta^{2}H_{adv}$（‰）	F_{evap}（%）	F_{tr}（%）	F_{adv}（%）
红沟	春	−10.54	−105.02	−16.50	−127.48	3.67	0.42	95.91
	夏	−10.94	−73.03	−11.18	−79.02	1.22	5.35	93.43
	秋	−10.32	−60.08	−18.77	−139.91	2.69	1.12	96.19
	冬	−10.29	−69.78	−28.18	−229.42	0.37	0.01	99.62
肯斯瓦特	春	−10.55	−70.87	−16.50	−127.48	2.46	1.70	95.84
	夏	−10.92	−72.71	−11.18	−79.02	1.27	3.79	94.94
	秋	−10.29	−75.55	−18.75	−140.12	4.36	0.95	94.70
	冬	−9.50	−63.13	−25.18	−215.42	0.53	0.01	99.46

5.5　影响再循环水汽比的因素

西北干旱区深居亚欧大陆腹地，地形复杂，降水稀少，不同地形单元之间气候与气象特征差异显著，水文过程复杂，再循环水汽对区域降水水汽的贡献具有极大的时空差异性（Chen et al，2016）。全球尺度上，植物蒸腾水汽占全球再循环水汽的主要部分，几乎占降水的39%±10%，占总陆面蒸散发的61%±15%（Schlesinger & Jasechko，2014）。研究再循环水汽对区域降水的贡献对于区域水循环研究具有重要的指导意义。

当下垫面能够提供充足蒸散发水汽源时，气温是影响再循环水汽比的主要控制因子。如乌鲁木齐河流域，乌鲁木齐、后峡与高山站所在区域的土地利用类型分别为人工绿洲、森林和草地，在温度适宜的情况下，蒸散发能力都很强，气温成为再循环水汽比的主要控制因素，因此海拔越高，再循环水汽比越低（Kong & Pang，2013）；再如青藏高原西北部，在海拔6 000m的冰川积雪分布区或者海拔3 193m的青海湖流域，再循环水汽源充足，气温是控制再循环水汽比的主要因子（An et al，2017；Cui & Li，2015）。土地利用类型相同时，一方面，海拔越高，再循环水汽比越高；另一方面，区域内植被面积越大，再循环水汽比也越高。天山北坡的石河子、蔡家湖与乌鲁木齐的土地利用类型都是绿洲，绿洲面积逐次变大，石河子与蔡家湖的海拔相近，都是440m，乌鲁木齐的海拔则是935m，各地区的再循环水汽比是逐次增加，蒸发水汽与蒸腾水汽都是如此（Wang et al，2016b）。在石羊河流域，随着海拔升高，土地利用类型由人工绿洲到荒漠再到森林，再循环水汽比逐渐升高（Li et al，2016a）。在玛纳斯河流域，从荒漠草原带至云杉林带，随着海拔升高，夏季降水再循环水汽也呈升高趋势，而在其他季节呈降低趋势（表5.2）。

再循环水汽比的估测也受到主客观原因引起的不确定性的影响，包括样品采集与分析过程中的不确定性，即统计不确定性；和利用不同方法估算引起的不确定性，即模型不确定性（Delsman et al，2013）。对于基于同位素的端元混合模型来说，不同端元的选择也是很重要的不确定性来源（Davis et al，2015；Joerin et al，2002）。例如，尽管植物蒸腾水汽同位素不受同位素分馏的影响，然而，植物水分利用特征时空差异显著，物种之间差别也很大，这都会给确定蒸腾水汽同位素带来不容忽视的不确定性。另一个不确定性来源是迄今同位素观测不连续，基于同位素的估算多基于一年的观测数据或者一个季节的观测数据，不一定能够代表一个区域的一般情形（Chen et al，2018）。

表5.2　中国西北地区基于稳定氢氧同位素估算的再循环水汽对降水水汽的贡献

站点	时间	纬度	经度	海拔（m）	再循环水汽比（%）		地表覆被	参考文献
					蒸发（%）	蒸腾（%）		
Urumqi River Basin-Urumqi	2003.4至2004.7	43°47′N	86°37′E	918	6.8 ~ 12		绿洲	Kong & Pang，2013
Urumqi River Basin-Houxia		43°17′N	87°11′E	2 100	0.9 ~ 1.8		森林	
Urumqi River Basin-Gaoshan		43°06′N	86°50′E	3 545	0 ~ 1.0		草地	
Northwestern TP-Chongce	1979—2012	35°14′N	81°07′E	6 010	15.0 ~ 82.6		冰川积雪	An et al，2017
Northwestern TP-Zangser Kangri	1979—2008	34°18′N	85°51′E	6 226	24.7 ~ 81.6			
Northwestern TP-Qinghai Lake Basin	2009.7至2010.6	36°32′ ~ 37°15′N	99°36′ ~ 100°47′E	3 193	23.42			
Tianshan-Shehezi	2012.8至2013.9	44°59′N	86°03′E	443	0.6 ± 1.7	2.8 ± 3.6	绿洲	Wang et al，2016b
Tianshan-Caijiahu		44°12′N	87°32′E	441	1.2 ± 1.6	6.8 ± 3.0		
Tianshan-Urumqi		43°47′N	87°39′E	935	6.2 ± 1.4	12.0 ± 2.1		
Shiyang River Basin-Xidahe	生长季	38°6′N	101°24′E	2 900	9	15	森林	Li et al，2016a
Shiyang River Basin-Anyuan		37°18′N	102°54′E	2 700	12	19	裸地	
Shiyang River Basin-Jiutiaoling		37°54′N	102°6′E	2 225	10	16	裸地	

（续表）

站点	时间	纬度	经度	海拔（m）	再循环水汽比（%）		地表覆被	参考文献
					蒸发（%）	蒸腾（%）		
Shiyang River Basin-Yongchang	生长季	38°12′N	102°0′E	1 976	9	12	绿洲	Li et al，2016a
Shiyang River Basin-Wuwei		37°54′N	102°42′E	1 531	8	13	绿洲	
Shiyang River Basin-Minqin		38°36′N	103°6′E	1 367	5	9	绿洲	
Manasi River Basin-Honggou	2015—2016春	43°43′N	85°44′E	1 472	3.67	0.42	森林	本研究
Manasi River Basin-Honggou	2015—2016夏	43°43′N	85°44′E	1 472	1.22	5.35	森林	本研究
Manasi River Basin-Honggou	2015—2016秋	43°43′N	85°44′E	1 472	2.69	1.12	森林	本研究
Manasi River Basin-Honggou	2015—2016冬	43°43′N	85°44′E	1 472	0.37	0.01	森林	本研究
Manasi River Basin-Kensiwate	2015—2016春	43°58′N	85°57′E	860	2.46	1.70	草地	本研究
Manasi River Basin-Kensiwate	2015—2016夏	43°58′N	85°57′E	860	1.27	3.79	草地	本研究
Manasi River Basin-Kensiwate	2015—2016秋	43°58′N	85°57′E	860	4.36	0.95	草地	本研究
Manasi River Basin-Kensiwate	2015—2016冬	43°58′N	85°57′E	860	0.53	0.01	草地	本研究

5.6 水汽来源对降水同位素的影响

水汽来源是影响降水同位素组成的重要因素（Jeelani et al，2018；Wei et al，2018；Krklec & Dominguez-Villar，2014）。在中欧的Postojna，陆源降水的δ^{18}O与δ^{2}H比海源降水的更负；而受到雨滴与大气水汽之间的凝结交换以及蒸散发作用的影响，不同海洋水汽来源的降水同位素没有显著的差异（Krklec et al，2018）。在澳大利亚的悉尼盆地，当降水水汽来源于内陆时，降水δ^{18}O高；当降水水汽来源于海洋时，降水δ^{18}O低；而由于水汽混合以及云下二次蒸发的影响，陆源与海源降水的d-excess没有显著的差异（Crawford et al，2013）。位于东亚季风区的南京，当水汽源区对流过程强烈时，水汽输送距离越远，降水量效应越显著，降水δ^{18}O越贫化；反之，当水汽源区对流过程越弱，水汽输送距离越近，降水量效应越弱，降水δ^{18}O越富集（Tang et al，2015）。同样位于东亚季风区的北京，一方面，与南京相似，也是水汽输送距离越远，降水δ^{18}O越贫；另一方面，水汽源区空气湿度越低，水汽输送过程中不平衡蒸发过程越强烈，降水d-excess越高（Tang et al，2017b）。喜马拉雅山南坡的印度洋季风区，季风期时，降水水汽来源于海洋，降水同位素低；非季风期时，西风水汽或陆地再循环水汽对降水水汽的贡献更大，降水同位素富集（Jeelani et al，2018；Rai et al，2014；Breitenbach et al，2010）。喜马拉雅山北坡的西藏阿里地区，7—9月尤其是8月印度洋季风盛行时，降水水汽主要来源于印度洋，降水δ^{18}O低；当水汽来源于地中海、亚欧大陆或者大西洋时，降水δ^{18}O与d-excess高；而当内陆再循环水汽是主要的降水水汽来源时，降水同位素极为富集（Guo et al，2017）。位于亚欧大陆腹地的天山北坡，则是绿洲面积越大，蒸发蒸腾越旺盛，再循环水汽比越高，降水同位素越贫（Wang et al，2016b）。

玛纳斯河流域同样位于天山北坡，但降水同位素与水汽输送天数和运移距离没有显著的相关性，即不同运移天数与不同水汽输送距离情况下，降水同位素没有显著差别（图5.3、图5.4）。这是因为，干旱区降水水汽来源复杂，且空气湿度低，水汽运输过程中降水水汽与周围大气水汽交换强烈，云下二次蒸发强烈，降水同位素中的水汽来源信息被抵消（Balagizi et al，2018；Krklec et al，2018）。受干旱区降水同位素的海拔效应，以及森林带

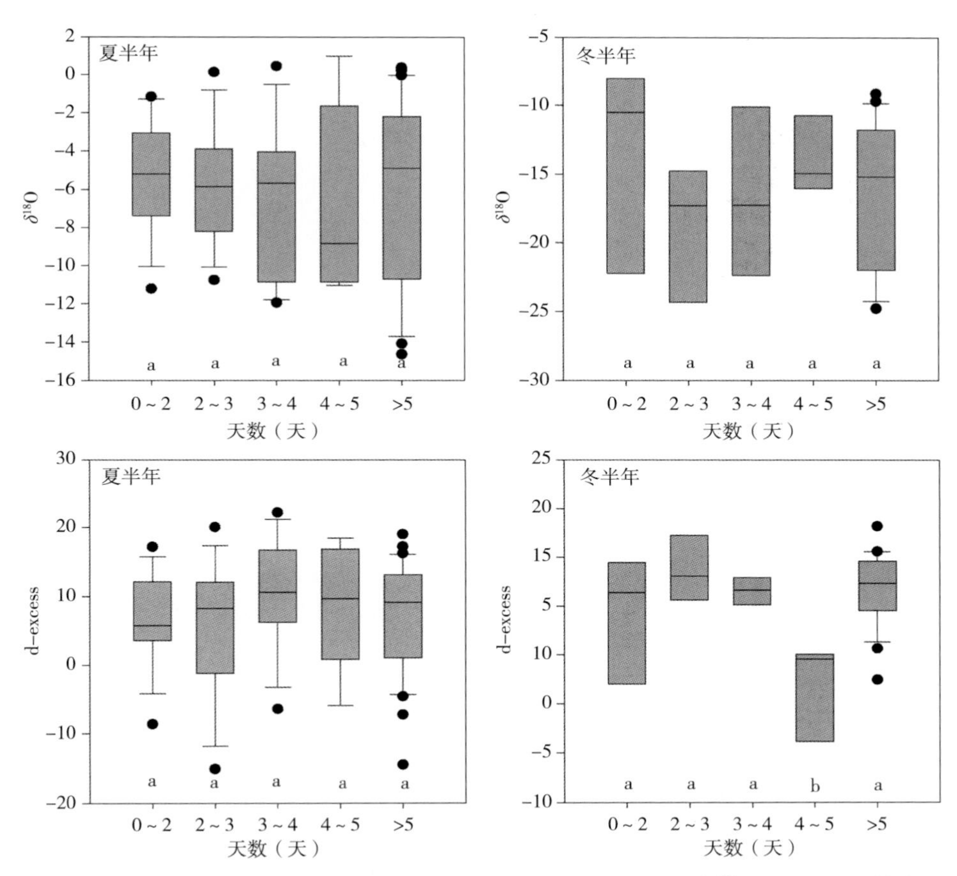

图5.3　2015年8月至2016年7月红沟站降水水汽后向轨迹回溯时间与^{18}O、d-excess的关系

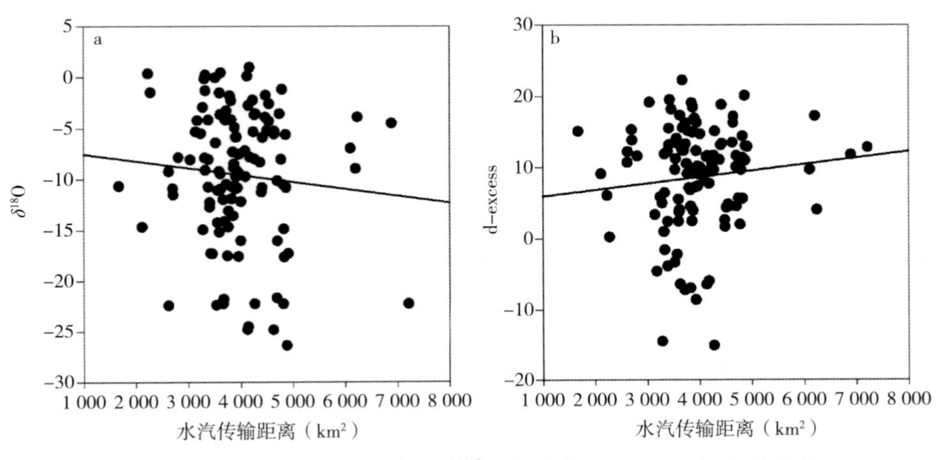

图5.4　降水水汽输送距离与降水^{18}O（a）及d-excess（b）的关系

蒸腾作用比草地更加旺盛，再循环水汽比更高的影响，红沟降水同位素较肯斯瓦特的降水同位素更低（Tsujimura et al，2007；Moreira et al，1997）。然而，难以量化区分海拔效应与下垫面不同的影响（Jeelani et al，2018；van der Ent et al，2014）。

5.7 小结

本节分析了天山北坡玛纳斯河流域中山森林带与低山草原带的日降水同位素组成的时空变化，结合拉格朗日后向轨迹模型与端元混合模型来深入分析了天山北坡森林带与草原带的水汽来源，量化分析了外来水汽与蒸发蒸腾水汽对降水水汽的贡献，以及不同水汽来源对降水同位素组成的影响，得到以下主要结论。

（1）中山森林带与低山草原带的降水同位素都表现出显著的夏季高、冬季低的季节变化特征与显著的温度效应；受海拔效应与下垫面差异的影响，森林带的平均降水$\delta^{18}O$（−9.61‰）与$\delta^{2}H$（−68.38‰）比草原带（$\delta^{18}O$：−7.27‰，$\delta^{2}H$：−49.74‰）的低，但d-excess没有显著的差异（红沟：8.47‰，肯斯瓦特：8.40‰）。

（2）森林带与草原带的外来水汽主要来源于亚欧大陆再循环水汽和黑海—里海蒸发水汽；再循环水汽对森林带与草原带的贡献具有显著的季节变化特征，除春季外，蒸发水汽对森林带的贡献低于草原带；植物蒸腾主要发生于夏季，蒸腾水汽对森林带降水的贡献（5.35%）高于对草原带降水的贡献（3.79%）。

（3）下垫面特征与气温是影响再循环水汽比的主要因子，降水水汽来源对天山北坡森林带与草原带的降水同位素没有显著的影响。

第6章　蒸发对水体同位素的影响

蒸发是水循环的重要过程之一，全球60%的降水是由地表蒸发引起的（Diamond & Jack，2018）。蒸发过程中，水分子中的氢氧同位素发生同位素分馏，轻同位素优先逃逸出水体，而重同位素留在剩余水体中，从而使剩余水体富集重同位素（Gonfiantini et al，2018；Kim & Lee，2011）。因此，氢氧稳定同位素是监测和量化全球尺度或者区域尺度水体蒸发强度的有效示踪剂（Hu et al，2018；Biggs et al，2015）。然而，定性描述不能满足数值模拟参数化的要求，运用同位素定量研究水循环过程时，需要定量分析在蒸发分馏的影响下，降水、地表水与地下水同位素发生了怎样的变化。

Froehlic（2008）定量估算了阿尔卑斯山山区降水d-excess的变化量，校正了降水d-excess，发现雨滴蒸发剩余比每降低1%，d-excess降低1‰。Craig和Gordon（1965）建立了Craig-Gordon模型，除了原始水体的氢氧同位素组成和气温，仅需要相对湿度、周围大气水汽的氢氧同位素组成和水汽交界面的湍流度就可以准确模拟蒸发水汽的同位素变化。Gonfiantini等（2018）改进了Craig-Gordon模型，使同时考虑影响水体同位素蒸发分馏的各要素成为可能。中国天山是新疆重要的水资源储存区，基于同位素研究天山蒸发过程对了解天山水循环过程以及应对气候变化带来的不利影响具有重要的指导作用。

6.1　方法

6.1.1　理论大气降水线斜率

雨滴形成后，会迅速与云团的气相脱离，这个过程中伴随着瑞利平衡分馏（Rayleigh Equilibrium Fractionation）过程（Criss，1999），见式（6-1）。

$$\frac{R^i}{R_0^i}=\frac{1+\delta^i}{1+\delta_0^i}=f^{\alpha^i-1} \tag{6-1}$$

式中，i为^{18}O或者^{2}H；R与R_0分别为蒸发水体与初始水体的同位素比率；δ与δ_0分别为蒸发水体与初始水体的同位素组成；f为蒸发度；α为同位素的平衡分馏系数。

对式（6–1）取对数可得式（6–2）、式（6–3）。

$$\delta^{18}O-\delta^{18}O_0\approx\left(\alpha^{18}-1\right)\ln f \tag{6-2}$$

$$\delta^{2}H-\delta^{2}H_0\approx\left(\alpha^{2}-1\right)\ln f \tag{6-3}$$

则，理论降水线斜率见式（6–4）。

$$S=\frac{\delta^{2}H-\delta^{2}H_0}{\delta^{18}O-\delta^{18}O_0}\approx\frac{\alpha^{2}-1}{\alpha^{18}-1} \tag{6-4}$$

水汽交换平衡条件下，平衡分馏系数α受绝对温度（T/K）控制，计算公式如式（6–5）、式（6–6）（Majoube，1971）。

$$10^3\ln{}^{18}\alpha=1.137\times10^6/T^2-0.415\,6\times10^3/T-2.066\,7 \tag{6-5}$$

$$10^3\ln{}^{2}\alpha=24.844\times10^6/T^2-76.248\times10^3/T+52.612 \tag{6-6}$$

6.1.2 Froehlic模型

受云下二次蒸发的影响，地面降水同位素组成与云底雨滴中的同位素组成有不同程度的差别。Froehlich等（2008）与Stewart（1975）假设云底雨滴与周围水汽达到了同位素平衡，则地面降水d-excess与云底雨滴d-excess之差（Δd）见式（6–7）。

$$\Delta d=\left(1-\frac{{}^{2}\gamma}{{}^{2}\alpha}\right)\left(f^{{}^{2}\beta}-1\right)-8\left(1-\frac{{}^{18}\gamma}{{}^{18}\alpha}\right)\left(f^{{}^{18}\beta}-1\right) \tag{6-7}$$

式中，${}^{2}\alpha$与${}^{18}\alpha$为平衡分馏系数；f为雨滴经过下落过程后剩余质量占原质量的比例。${}^{2}\gamma$、${}^{18}\gamma$、${}^{2}\beta$、${}^{18}\beta$由Stewart（1975）定义，见式（6–8）至式（6–11）。

$$^{2}\gamma=\frac{^{2}\alpha h}{1-{}^{2}\alpha\left({}^{2}D/{}^{2}D'\right)^{n}(1-h)} \quad (6-8)$$

$$^{18}\gamma=\frac{^{18}\alpha h}{1-{}^{18}\alpha\left({}^{18}D/{}^{18}D'\right)^{n}(1-h)} \quad (6-9)$$

$$^{2}\beta=\frac{1-{}^{2}\alpha\left({}^{2}D/{}^{2}D'\right)^{n}(1-h)}{^{2}\alpha\left({}^{2}D/{}^{2}D'\right)^{n}(1-h)} \quad (6-10)$$

$$^{18}\beta=\frac{1-{}^{18}\alpha\left({}^{18}D/{}^{18}D'\right)^{n}(1-h)}{^{18}\alpha\left({}^{18}D/{}^{18}D'\right)^{n}(1-h)} \quad (6-11)$$

式中，$^{2}\alpha$与$^{18}\alpha$为平衡分馏系数；h为相对湿度；参考Merlivat（1970），$^{2}D/^{2}D'$与$^{18}D/^{18}D'$分别取1.024和1.028 9，而Cappa等（2003）试验分析得出$^{2}D/^{2}D'$与$^{18}D/^{18}D'$分别取1.016和1.032，两者差别很小；n=0.58。

雨滴剩余比（f）可以考虑为降落到地面时的雨滴质量（m_{end}）与云底原始雨滴质量（m_0）之比，见式（6-12）。

$$f=\frac{m_{end}}{m_0}=\frac{m_{end}}{m_{end}+m_{ev}} \quad (6-12)$$

式中，m_{ev}为雨滴下落过程中蒸发损失掉的质量，见式（6-13）。

$$m_{ev}=r_{ev}t \quad (6-13)$$

式中，r_{ev}为雨滴质量蒸发损失速率，即单位时间内蒸发损失掉的雨滴质量；t为雨滴从云底降落到地面所花的时间。

由于雨滴以匀速下落（杨军，2011；Pruppacher & Klett，1997），雨滴降落时间见式（6-14）。

$$t=\frac{H_c}{v_{end}} \quad (6-14)$$

式中，H_c为雨滴下落高度（云底高度）；v_{end}为雨滴下落的末速度。

根据拉普拉斯压高公式（Laplace pressure）（Berberan-Santos et al，1997），云高H_{LCL}可以根据式（6-15）计算。

$$H_{LCL}=18400\left(1+\frac{t_{mean}}{273}\right)\lg\frac{P}{P_{LCL}} \tag{6-15}$$

式中，t_{mean}（℃）为云底与地表面间的平均气温，这里采用地面与冷凝高度气温（T_{LCL}）的算术平均值；P与P_{LCL}分别是地表实测气压与冷凝高度气压（hPa）。

冷凝高度即抬升凝结高度（Lifting Condensation Level，简称LCL）是不饱和湿空气干绝热上升过程中开始凝结的高度。抬升凝结高度可以用式（6-16）计算（Barnes，1968）。

$$T_{LCL}=T-(0.001\,296\,T_d+0.196\,3)(T-T_d) \tag{6-16}$$

式中，T和T_d分别为地表观测气温与露点温度（℃）。

雨滴落地时的速度v_{end}可以根据Best（1950）提出的方法计算，见式（6-17）。

$$v_{end}=\begin{cases}958\exp(0.0354H)\left\{1-\exp\left[-\left(\dfrac{D}{1.77}\right)^{1.147}\right]\right\},0.3\leqslant D<6.0\\188\exp(0.0256H)\left\{1-\exp\left[-\left(\dfrac{D}{0.304}\right)^{1.819}\right]\right\},0.05\leqslant D<0.3\\2840D^2\exp(0.0172H),D<0.05\end{cases} \tag{6-17}$$

式中，D是雨滴直径（mm）；H是降水高度（km），采用云底高度。

雨滴质量蒸发损失速率r_{ev}可以表示为式（6-18）至式（6-20）（Kinzer & Gunn，1951）。

$$v_{ev}=4\pi r\left(1+\frac{Fr}{S'}\right)\cdot D(\rho_a-\rho_b)=Q_1\cdot Q_2 \tag{6-18}$$

$$Q_1=4\pi r\left(1+\frac{Fr}{S'}\right) \tag{6-19}$$

$$Q_2=D(\rho_a-\rho_b) \tag{6-20}$$

式中，r为雨滴半径（cm）；F为测量水汽交换的实际热量与能量之比的无量纲量；S'是雨滴外壁的有效厚度；ρ_a与ρ_b分别为下落雨滴表层蒸发水汽密度与周围空气密度。

Q_1（cm）对环境湿度不敏感，主要受雨滴直径与周围气温控制；Q_2[g/（cm·s）]主要受湿度与温度控制。Kinzer和Gunn（1951）通过试验确定了不同温度、雨滴直径与相对湿度条件下，Q_1与Q_2的取值，但没有得出具体的数学关系。王圣杰（2015）利用双线性内插法得出了不同条件下的Q_1与Q_2，本章也采用这种内插法获取Q_1与Q_2。

尽管雨滴在降落过程中形状会随雨滴直径变化（Thurai et al，2009；Pruppacher & Klett，1997），但为了模拟方便，假设雨滴的形状为球体（杨军，2011），则雨滴落地时的质量m_{end}见式（6-21）。

$$m_{end} = \frac{4}{3}\pi r_{end}^3 \rho \tag{6-21}$$

式中，r_{end}为雨滴落地时的半径；ρ为水的密度。

6.1.3　同位素蒸发模型

Craig-Gordon模型（1965）把开放水体表面到自由大气分为3层，在这3层中由蒸发引起的同位素分馏也分层讨论。将开放水体称为蒸发水体，在紧贴蒸发水面的边界层中，水和水汽之间维持着同位素平衡；在黏滞扩散层中，水汽分子之间发生动力分馏；再向上是紊流混合层，其间不再发生同位素分馏。基于Langmuir线性阻力模型（Gat，1996）可以推导出蒸发水汽的同位素组成δ_E，它是环境参数尤其是湿度的函数（Gat et al，2001）。

$$\delta_E = \frac{\alpha\delta_L - h_N\delta_A + \varepsilon_{eq} + \varepsilon_{diff}}{1 - h_N - \varepsilon_{diff}} \tag{6-22}$$

式中，δ_L是蒸发水体同位素组成；h_N为归一化的大气相对湿度；α是蒸发水体表面温度下，蒸发水体与蒸发水汽之间同位素平衡分馏系数；ε_{eq}是同位素平衡富集系数；ε_{diff}为动力富集系数；δ_A是蒸发水体上空自由大气水汽的同位素组成，一般很难观测。云层中雨滴的形成过程可以近似为瑞利平衡分馏过程，则自由大气水汽同位素组成可以根据降水同位素组成δ_p推导而来，见式（6-23）、式（6-24）。

$$\delta_A = \delta_p - \varepsilon_{eq} \tag{6-23}$$

$$^i\varepsilon_{eq} = 1\,000 \times (\alpha^i - 1) \tag{6-24}$$

根据Craig-Gordon模型（Craig & Gordon，1965），动力富集系数（$^i\varepsilon_{diff}$）为分子扩散引起的同位素分馏，可以根据式（6-25）计算。

$$^i\varepsilon_{diff} = n\Theta(1-h_N)(1-D_m/D_{mi}) = n\Theta(1-h_N)\,{}^i\Delta_{diff} \tag{6-25}$$

式中，n（$0.5 \leqslant n \leqslant 1$）是反应蒸发表面空气边界层特性的因子，对于自然状态下的自然水体，n=0.5；对于静态气层里的蒸发，如土壤与叶片蒸发，n=1。对于蒸发水汽不会扰动周围环境湿度的小型水体，Θ=1；对于北美五大湖区，Θ=0.88；对于地中海，Θ=0.5；Θ=0.5是大型水体的下限值。$^i\Delta_{diff}$表示扩散层中，^2H与^{18}O的最大消损量，Merlivat（1978）计算了$H_2{}^{18}O/H_2{}^{16}O$与$^1H^2HO/^1H_2O$的分子扩散率，得出D_m/D_{mi}分别等于0.972 3与0.975 5，因此，$^{18}\Delta_{diff}$=−28.5‰，$^2\Delta_{diff}$=−25.5‰。h_N为归一化的相对湿度（Gat，2001）。

Gonfiantini等（2018）提出一种新的统一的Craig-Gordon模型可以同时考虑各个控制海水或淡水蒸发的变量。利用这个模型可以模拟出蒸发水体的原始同位素组成，见式（6-26）至式（6-29）。

$$\delta_0 = \left[\delta_L + \frac{A}{B}(\delta_A + 1) + 1\right] \Big/ f^B - \frac{A}{B}(\delta_A + 1) - 1 \tag{6-26}$$

$$A = -\frac{h}{\alpha_{diff}^X(\gamma - h)} \tag{6-27}$$

$$B = \frac{\gamma}{\alpha_{eq}\alpha_{diff}^X(\gamma - h)} - 1 \tag{6-28}$$

$$\frac{A}{B} = -\frac{h\alpha_{eq}}{\gamma - \alpha_{eq}\alpha_{diff}^X(\gamma - h)} \tag{6-29}$$

式中，δ_0是蒸发水体原始同位素组成；f为剩余水体比；h为相对湿度；α_{eq}是平衡分馏系数；X是蒸发水体上空大气的湍流指数，对于完全湍流的大气，X=0，对于静止大气，X=1，自然条件下，X一般取0.5；α_{diff}是饱和平衡层水汽与扩散层水汽之间的同位素分馏因子，对于分子扩散，这里采用Merlivat（1978）试验得出的结果，对于$^1H^2H^{16}O/^1H_2{}^{16}O$，$\alpha_{diff}$=1.025 1，对于$^1H_2{}^{18}O/^1H_2{}^{16}O$，$\alpha_{diff}$=1.028 5；$\gamma$为水的热力学活度系数（Rozanski et al，2002）。

6.2　云下二次蒸发对降水同位素的影响

雨滴下落过程所经历的大气相对湿度是影响云下二次蒸发的主要因素，当云下二次蒸发显著时，局地大气降水线的斜率低于8（Breitenbach et al，2010）。基于最小二乘法，根据玛纳斯河流域2015年8月至2016年8月各次降水$\delta^{18}O$和δ^2H建立的红沟站和肯斯瓦特站的当地降水线（LMWL）分别为$\delta^2H=7.57\delta^{18}O+4.37$和$\delta^2H=7.03\delta^{18}O+1.33$（图4.2）。根据红沟和肯斯瓦特站2015年8月至2016年8月气温计算的理论大气降水线斜率[式（6-4）]分别为9.31和9.21。两站的LMWL的斜率既低于GMWL，也低于理论大气降水线斜率，表明流域降水同位素受到了云下二次蒸发的影响。

尽管0℃以下时，降水同位素也发生分馏，但这种分馏并不是蒸发分馏过程（顾慰祖，2011；Horita，2005）。本节主要分析气温高于0℃的降水事件，即降雨同位素受云下二次蒸发的影响情况。

6.2.1　d-excess变化模拟

图6.1展示了玛纳斯河流域不同雨滴半径的分布情况。雨滴半径主要分布在0.2～0.5mm范围内，算术平均值和中值分别为0.36mm和0.35mm，半径小于0.6mm的降水事件占总降水事件的90%。红沟站雨滴半径算术平均值和中值分别为0.35mm和0.34mm，肯斯瓦特站雨滴半径算术平均值和中值都是0.38mm。

根据上述雨滴半径，利用式（6-20）可以计算出雨滴落地速度（图6.2）。大部分降水事件雨滴落地速度在1～5m/s。雨滴落地速度介于1～5m/s的降水事件占总降水事件的86%。红沟站雨滴落地速度的算术平均值和中值分别为2.71m/s和2.68m/s，肯斯瓦特站雨滴半径算术平均值和中值分别为3.01m/s和2.90m/s。

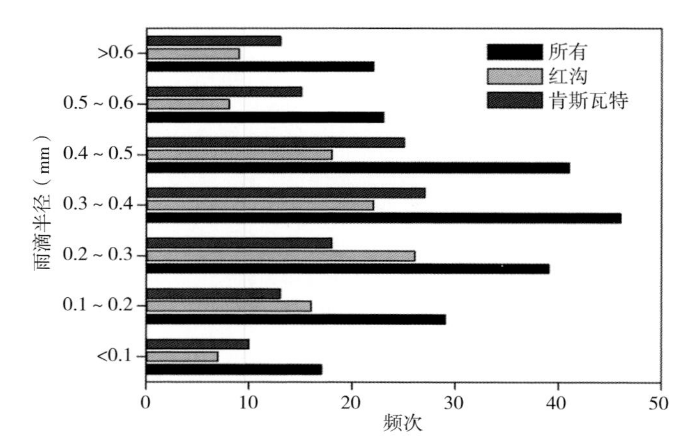

图6.1　2015年8月至2016年8月玛纳斯河流域不同雨滴半径等级的降水事件出现频次

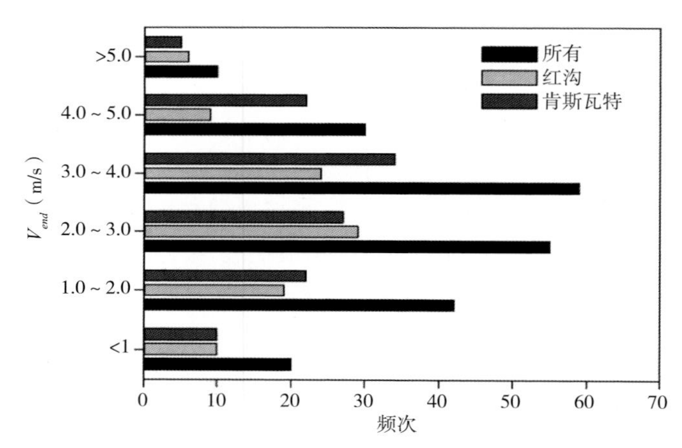

图6.2　2015年8月至2016年8月玛纳斯河流域不同雨滴末速度范围的降水事件出现频次

降水事件的雨滴蒸发速率具有显著的时空变化（图6-3）。红沟站降水事件的雨滴蒸发速率的算术平均值和中值分别为0.59ng/s与0.52ng/s，肯斯瓦特站降水事件的雨滴蒸发速率的算术平均值和中值分别为0.82ng/s和0.76ng/s。肯斯瓦特站的蒸发速率高于红沟站，且肯斯瓦特站的变化幅度大于红沟站。季节变化上，2015年8—11月，降水事件雨滴蒸发速率逐渐降低；2016年3—7月，降水事件蒸发速率逐渐升高。

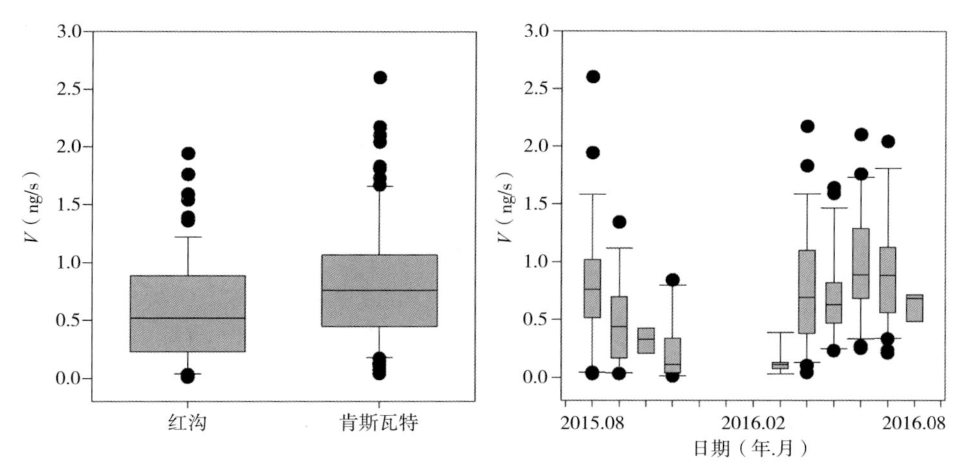

图6.3　2015年8月至2016年8月玛纳斯河流域雨滴蒸发速率时空分布

雨滴蒸发剩余比是计算云下二次蒸发对降水同位素影响程度的重要参数。根据式（6-15）可以计算降水事件雨滴蒸发剩余比（图6.4）。假设温度高于0℃时才发生云下二次蒸发，流域降水事件雨滴蒸发剩余比的算术平均值为87%。季节变化上，2015年8—11月，降水事件蒸发剩余比逐渐升高；2016年3—6月，降水事件蒸发剩余比逐渐降低；7—8月，降水事件蒸发剩余比又有升高趋势，这可能是因为7—8月，尽管气温更高，蒸发潜力更强，但降水强度变大，雨滴下落速度更快，蒸发损失比相对变小。

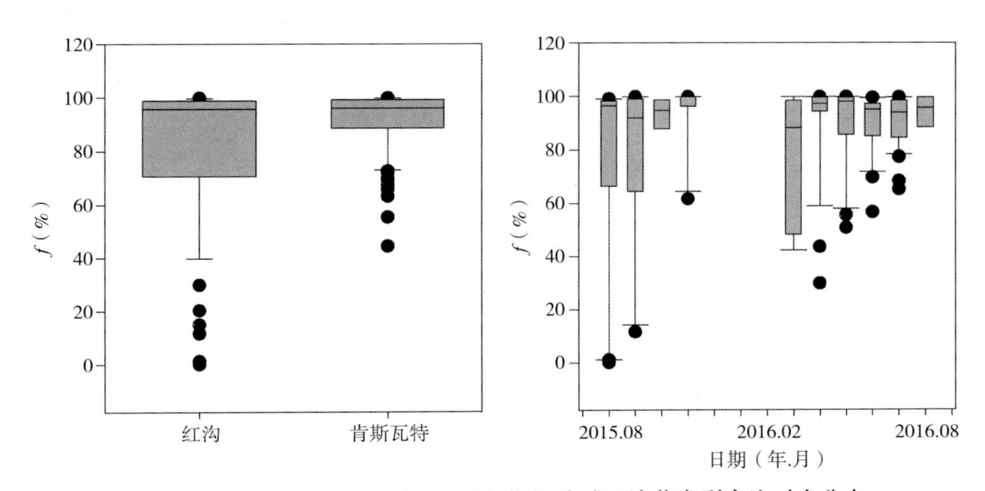

图6.4　2015年8月至2016年8月玛纳斯河流域雨滴蒸发剩余比时空分布

Δd反映的是降水d-excess受云下二次蒸发的影响后的改变量（图6.5）。Δd的空间差异较小，但季节变化明显。红沟站降水Δd的中值分别为-4.82‰；肯斯瓦特站降水Δd的中值分别为-5.33‰。季节变化上，2015年8—11月，降水d-excess的变化逐渐变小；2016年3—6月，降水d-excess的变化逐渐变大；7—8月，降水d-excess与降水蒸发损失比一样，有变小趋势。

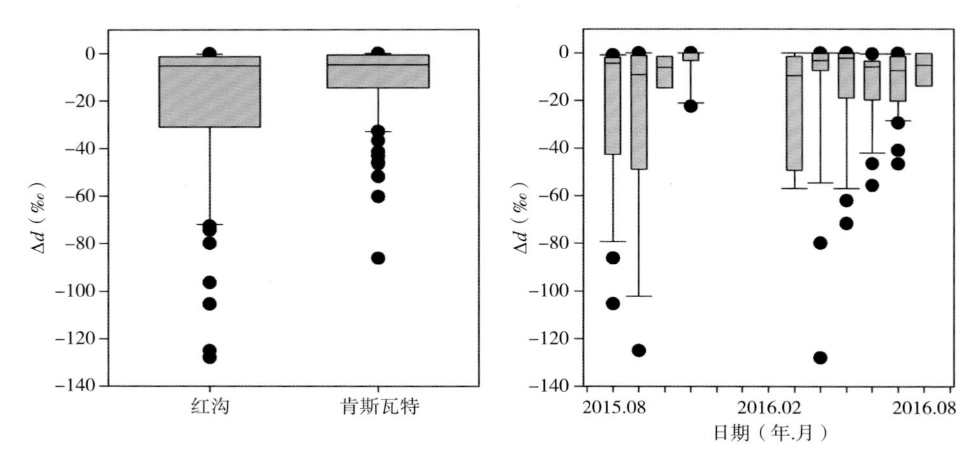

图6.5　2015年8月至2016年8月玛纳斯河流域降水中Δd的时空分布

Δd与降水蒸发剩余比存在显著的相关性（图6.6）。总体来看，降水雨滴蒸发剩余比与Δd存在-1.09‰/%的线性关系，即蒸发损失量每增加1%，降水d-excess降低1.09‰。这与Froehlich等（2008）对阿尔卑斯山以及Kong等（2013）对天山北坡乌鲁木齐河流域的研究结果相近（-1‰/%）。Wang等（2016b）对2012年中国天山的研究结果是-1.16‰/%，只有当蒸发剩余比大于90%时，降水雨滴蒸发剩余比与Δd存在-1.01‰/%的关系，高于本研究结果。这是因为Wang等（2016b）的研究对象是中国天山地区，包括天山北坡、天山山区和天山南坡，范围更广，环境更复杂，尤其是南坡，气候干燥，蒸发强烈。尽管玛纳斯河流域也位于天山北坡，然而本研究的观测站点——红沟站和肯斯瓦特站都位于山区，下垫面土地利用类型分别为森林和草地，蒸发相对较弱。

从以上分析可以看出，在干旱山区，降水蒸发剩余比与Δd之间的1‰/%的线性关系可以推广。然而，在干旱的平原区，利用这种经验关系还需要进一步检验。

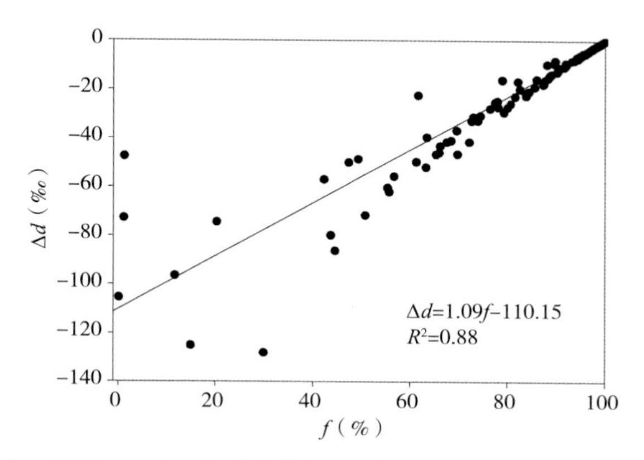

图6.6　2015年8月至2016年8月玛纳斯河流域降水蒸发剩余比与降水中Δ*d*的关系

6.2.2　Δ*d*与气象要素的关系

降水δ^{18}O与气象要素之间存在不同的相关性（表4.3），降水d-excess变化量与气象要素之间是否也存在相关性呢？下面分析Δ*d*与不同气象要素（气温、降水量、相对湿度与雨滴半径）之间的关系（图6.7）。Δ*d*与气温、降水量、相对湿度和雨滴半径都存在显著的线性关系。随着气温升高，d-excess变化量逐渐变小，斜率逐渐增大。当气温低于20℃时，斜率接近−1‰/%，而当气温高于20℃时，斜率高达−1.41‰/%。随着降水量增大，蒸发剩余比增大，d-excess变化量逐渐变小，斜率逐渐变小，但总大于−1‰/%。降水量小于1mm时，斜率为−1.39‰/%；降水量在1～5mm时，斜率为−1.27‰/%；降水量高于5mm时，斜率为−1.21‰/%。随着相对湿度升高，蒸发剩余比增大，d-excess变化量逐渐变小，斜率逐渐变小。相对湿度低于70%时，斜率为−1.16‰/%；当相对湿度介于70%～85%时，斜率为−0.86‰/%；当相对湿度高于85%时，斜率为−0.81‰/%。随着雨滴半径增大，蒸发剩余比增大，d-excess变化量逐渐变小，斜率逐渐变小，但总大于−1‰/%。雨滴半径小于0.3mm时，斜率为−1.36‰/%；雨滴半径介于0.3～0.5mm时，斜率为−1.35‰/%；雨滴半径大于0.5mm时，斜率为−1.27‰/%。

总结不同气象条件下，降水d-excess变化量与雨滴蒸发剩余比的线性回归结果发现，气温越低，降水量越大，相对湿度越高，雨滴半径越大，雨滴蒸发剩余比越高，d-excess变化量越小，二者之间的线性关系越显著，斜率越低，斜率甚至小于−1‰/%。反之，气温越高，降水量越小，相对湿度越低，雨滴半径越小，雨滴蒸发剩余比越低，d-excess变化量越大，二者的线性关系越弱，斜率越高，斜率往往高于-1‰/%。本研究结果与Wang等（2016b）对天山地区降水的研究相似。然而，本研究的斜率低于马德里（1.14‰/%～1.29‰/%）和维也纳（-1.10‰/%～-1.30‰/%）（Salamalikis et al，2016）。

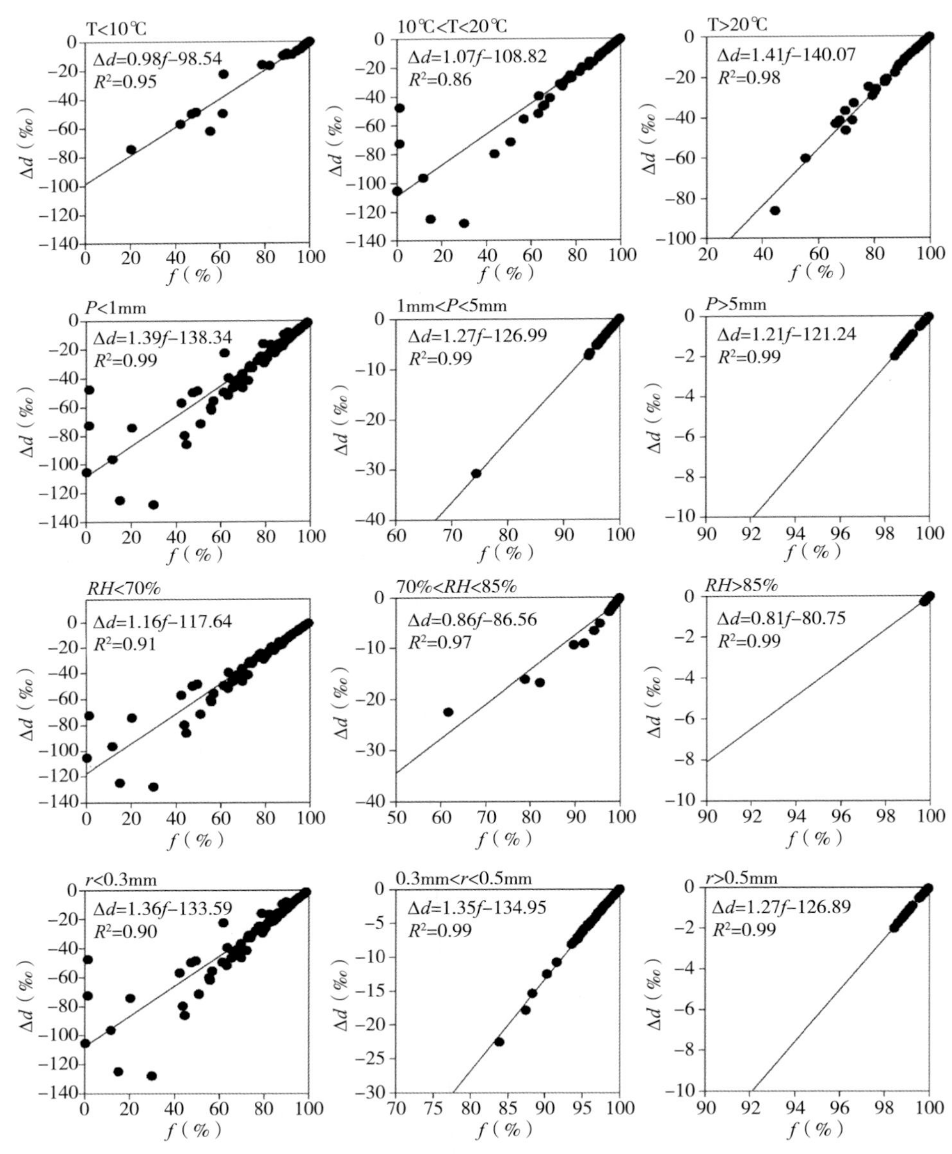

图6.7　2015年8月至2016年8月玛纳斯河流域不同气象条件下降水蒸发剩余比与Δd的关系

降水d-excess变化量随气象要素的变化而变化（图6.8）。降水d-excess变化量随气温升高而变大。降水量和雨滴半径很小时，Δ*d*变化很大；随着降水量、雨滴半径以及相对湿度增大，Δ*d*逐渐趋于0。

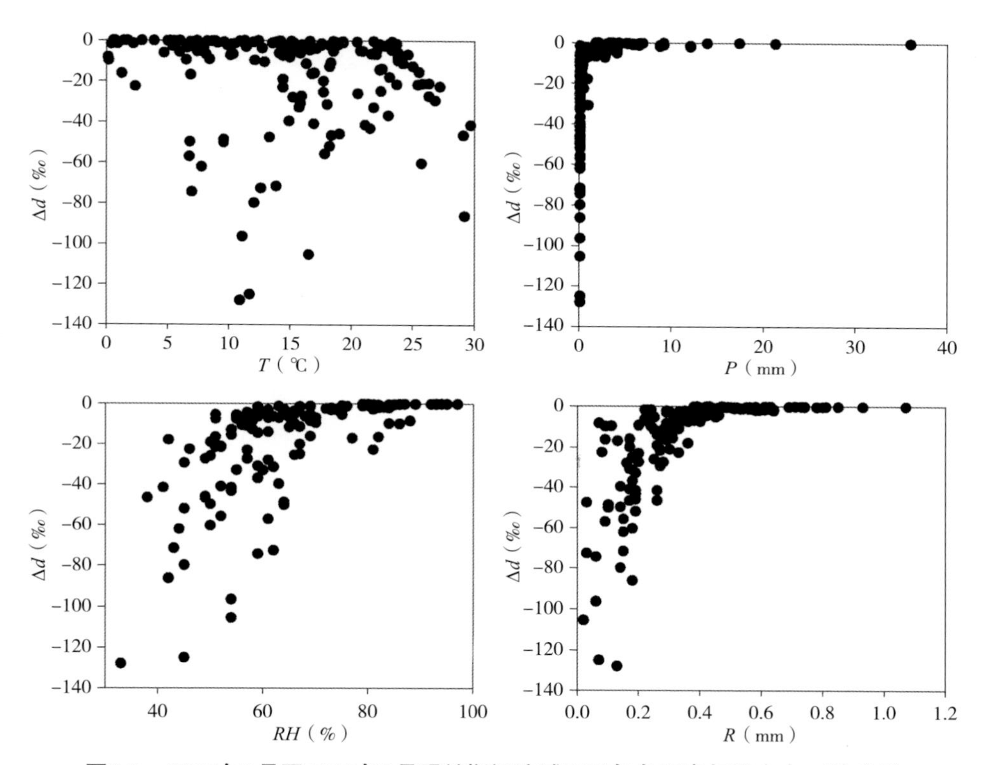

图6.8　2015年8月至2016年8月玛纳斯河流域不同气象要素与降水中Δ*d*的关系

虽然一部分降水的d-excess变化量很大（Δ*d*达−140‰），然而这主要是少数降水量小、相对湿度低以及雨滴半径小的降雨事件，其中70%的降雨事件的降水d-excess变化量介于−16.74‰～−0.01‰。根据降雨δ^{18}O、δ^{2}H以及d-excess校正云底降雨$\delta^{18}O_0$、$\delta^{2}H_0$以及d_0-excess，并根据Craig-Gordon模型和改进的Craig-Gordon模型计算了大气水汽的$\delta^{18}O_A$、$\delta^{2}H_A$以及d_A-excess（表6.1）。云底降雨的δ^{18}O与δ^{2}H显著低于地面降雨，云底降雨的d-excess显著高于地面降雨；水汽的δ^{18}O与δ^{2}H显著低于云底降雨，水汽的d-excess显著高于云底降雨。对于地面降雨和水汽的δ^{18}O、δ^{2}H与d-excess，红沟和肯斯瓦特没有显著的差异。但红沟云底降雨的δ^{18}O、δ^{2}H与d-excess略低于肯斯瓦特。

表明，经过校正后，海拔效应显现出来了。季节变化上，水汽δ^{18}O、δ^{2}H与d-excess的季节变化最小，但夏季水汽δ^{18}O与δ^{2}H高于春、秋季，水汽d-excess没有明显的季节变化特征。地面降雨与云底降雨的δ^{18}O、δ^{2}H具有显著的夏季高，春、秋季低的特征，d-excess的季节变化特征与δ^{18}O和δ^{2}H的相反。

表6.1　2015年8月至2016年8月玛纳斯河流域地面降雨、云底降雨以及大气水汽的δ^{18}O、δ^{2}H与d-excess的时空变化

		地面降雨			云底降雨			水汽		
		δ^{18}O	δ^{2}H	d-excess	$\delta^{18}O_0$	$\delta^{2}H_0$	d_0-excess	$\delta^{18}O_A$	$\delta^{2}H_A$	d_A-excess
红沟	全年	−6.94	−45.77	9.12	−10.08	−64.29	19.91	−33.15	−143.37	128.06
	春	−9.43	−68.01	11.69	−13.41	−84.74	21.01	−35.40	−155.61	130.22
	夏	−4.16	−32.79	7.17	−7.80	−43.05	16.49	−30.83	−125.55	127.21
	秋	−8.05	−49.08	9.72	−14.67	−96.31	20.43	−34.44	−147.56	118.65
肯斯瓦特	全年	−6.51	−43.11	9.62	−8.67	−51.54	17.03	−32.79	−129.65	131.27
	春	−10.55	−70.51	13.82	−11.03	−72.27	15.92	−37.65	−166.46	132.33
	夏	−3.56	−23.94	4.53	−6.46	−40.24	19.28	−29.36	−106.73	130.08
	秋	−9.88	−65.19	11.63	−14.65	−84.15	16.37	−36.44	−172.77	129.25

6.3　蒸发对河水同位素的影响

6.3.1　乌鲁木齐河

乌鲁木齐河河水蒸发剩余比夏季低（82%），秋季高（88%）（图6.9a）。除秋季外，随着海拔升高，气温降低，蒸发动力减弱，河水蒸发剩余比也随之升高（图6.9b）。

受蒸发的影响，河水氢氧稳定同位素也受到了不同程度的蒸发富集的影响（表6.2）。蒸发后河水δ^{18}O与δ^{2}H显著高于蒸发前河水。相对于蒸发前河水，蒸发后河水δ^{18}O与δ^{2}H分别增加了1.75‰～2.62‰与16.34‰～25.59‰。由于较轻的水分子先蒸发逃离水体，河水蒸发水汽的δ^{18}O与δ^{2}H显著低于河水。蒸发水汽的δ^{18}O与δ^{2}H相对于蒸发前河水分别低12.23‰～12.84‰与115.51‰～126.93‰。季节变化上，蒸发前后河水与河水蒸发水汽的δ^{18}O与δ^{2}H具有相似的季节变化特征。

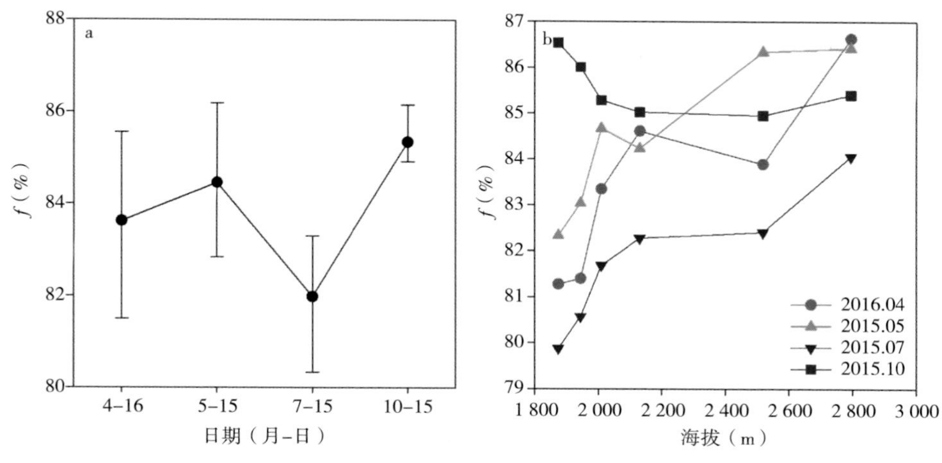

图6.9　乌鲁木齐河流域蒸发剩余比时空变化

表6.2　乌鲁木齐河河水、河水蒸发水汽及蒸发前、后河水的$\delta^{18}O$与δ^2H的季节变化

日期（年.月）	$\delta^{18}O_W$	δ^2H_W	$\delta^{18}O_E$	δ^2H_E	$\delta^{18}O_0$	δ^2H_0
2016.04	−9.76	−64.12	−25.22	−216.15	−12.38	−89.71
2015.05	−9.73	−62.91	−24.64	−207.92	−12.08	−85.61
2015.07	−9.04	−58.37	−23.01	−190.22	−10.78	−74.71
2015.10	−9.53	−59.81	−24.43	−208.52	−11.72	−81.59

注：W. 河水；E. 蒸发水汽；0. 蒸发前河水。下同

6.3.2　玛纳斯河

红沟站（81%）与肯斯瓦特站（80%）的河水蒸发剩余比没有显著的差异（图6.10a）。河水蒸发剩余比月平均值的变化范围为65%～97%，夏季低（67%），春、秋季高（91%～92%）（图6.10b、表6.3）。

受蒸发影响，各月河水氢氧稳定同位素都发生了富集效应（图6.11a）。河水$\delta^{18}O$的变化量的变化范围为0.41‰（2016年4月）～1.62‰（2016年6月），与河水$\delta^{18}O$具有相似的月变化特征，都是随气温升高而升高，随气温降低而降低。河水δ^2H变化量的变化范围为4.10‰（2016年4月）～24.13‰（2015年8月）。河水蒸发水汽的$\delta^{18}O$与δ^2H相对于蒸发前河水分别降低了2.49‰（2015年8月）～12.28‰（2016年4月）和29.91‰（2016年7月）～152.45‰（2015年7月）。气温越高，蒸发水汽$\delta^{18}O$与δ^2H与蒸发前河水越相近。蒸发水汽$\delta^{18}O$

与δ^2H的月变化幅度也远大于河水，表现出随气温降低而降低的月变化特征（图6.11b）。季节尺度上看，蒸发前后，河水δ^{18}O与δ^2H没有显著的季节变化特征，而夏季河水蒸发水汽的δ^{18}O与δ^2H显著低于春、秋季（表6.3）。

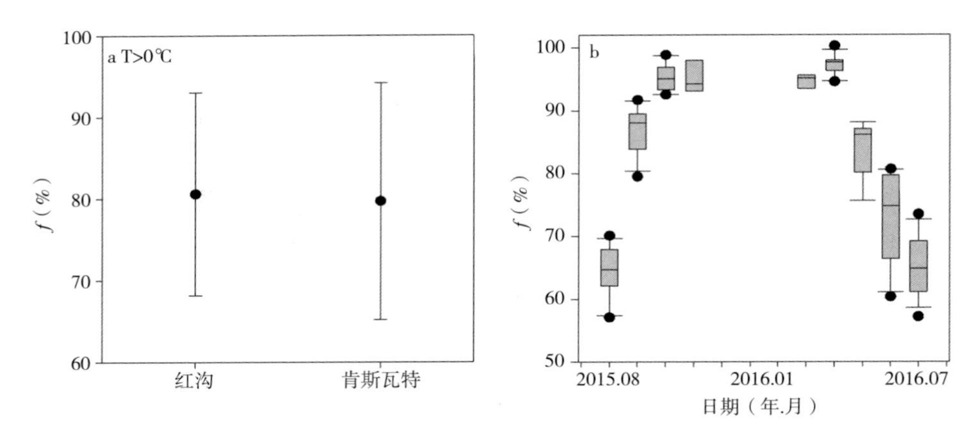

图6.10　2015年8月至2016年7月玛纳斯河流域河水蒸发剩余比时空变化

表6.3　玛纳斯河河水、河水蒸发水汽及蒸发前、后河水的δ^{18}O与δ^2H的季节变化

	$\delta^{18}O_W$	δ^2H_W	$\delta^{18}O_E$	δ^2H_E	$\delta^{18}O_0$	δ^2H_0
春	−10.62	−71.29	−22.02	−188.78	−11.47	−80.17
夏	−10.93	−72.89	−15.21	−132.12	−12.25	−91.71
秋	−10.40	−69.11	−21.33	−212.72	−11.33	−81.29

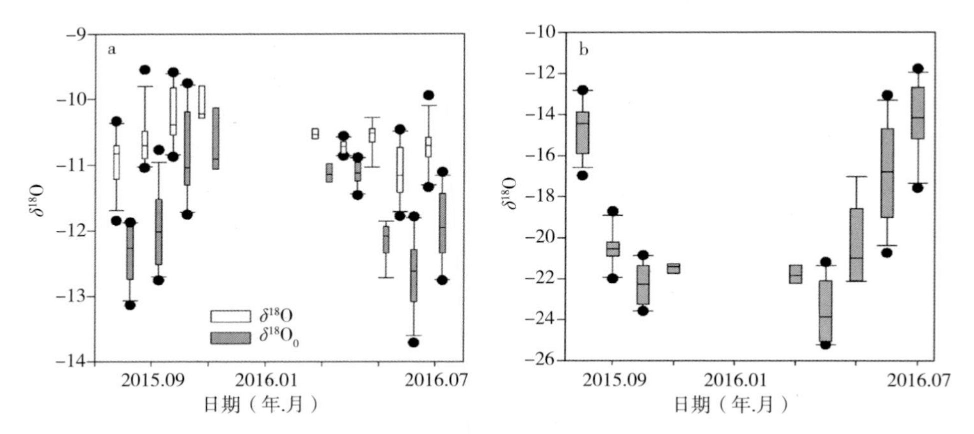

图6.11　2015年8月至2016年7月玛纳斯河流域（a）河水与蒸发前河水及（b）河水蒸发水汽的δ^{18}O

6.3.3　开都河

开都河流域山区河水蒸发剩余比春季高（82%），夏、秋季低（86%～88%），但季节差异很小；盆地河水蒸发剩余比则表现出夏季（70%）显著低于春、秋季（83%～84%）的特征（图6.12）。上游山区气温低，相对湿度高，蒸发损失低于下游盆地，山区河水蒸发剩余比高于下游盆地。

上游山区蒸发前后河水、下游盆地蒸发前后河水以及河水蒸发水汽的δ^{18}O与δ^{2}H具有相同的季节变化特征，都是春季显著低于夏、秋季（表6.4）。相对于蒸发前，上游山区蒸发后河水δ^{18}O与δ^{2}H平均分别升高了1.19‰（春）～1.48‰（夏）和14.19‰（春）～17.83‰（夏）；下游盆地蒸发后河水δ^{18}O与δ^{2}H平均分别升高了0.71‰（春）～1.59‰（夏）和7.67‰（春）～18.59‰（夏）。夏季平均变化幅度大于春季和秋季；夏季，上游山区河水的δ^{18}O与δ^{2}H平均变化幅度与下游盆地河水相近；春、秋季，下游盆地河水的δ^{18}O与δ^{2}H平均变化幅度小于山区河水。除了上游山区夏季河水蒸发水汽的δ^{18}O与δ^{2}H显著低于下游盆地河水外，其他季节，上、下游河水蒸发水汽的δ^{18}O与δ^{2}H没有显著差异。

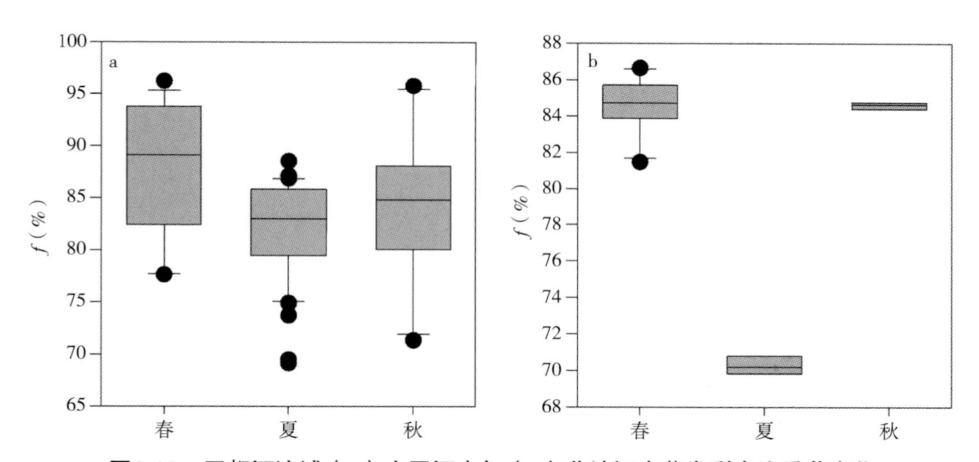

图6.12　开都河流域（a）山区河水与（b）盆地河水蒸发剩余比季节变化

表6.4　开都河河水、河水蒸发水汽及蒸发前、后河水的δ^{18}O与δ^{2}H的季节变化

	$\delta^{18}O_W$	$\delta^{2}H_W$	$\delta^{18}O_E$	$\delta^{2}H_E$	$\delta^{18}O_0$	$\delta^{2}H_0$
MR春	−13.23	−92.23	−23.42	−213.93	−14.42	−106.42
MR夏	−10.49	−67.98	−18.88	−168.22	−11.97	−85.81

（续表）

	$\delta^{18}O_W$	δ^2H_W	$\delta^{18}O_E$	δ^2H_E	$\delta^{18}O_0$	δ^2H_0
MR秋	−10.68	−70.36	−19.88	−178.29	−12.03	−86.52
BR春	−11.88	−80.40	−22.49	−195.91	−12.59	−88.07
BR夏	−9.58	−62.09	−15.04	−125.49	−11.17	−80.68
BR秋	−9.93	−64.91	−19.51	−168.68	−10.86	−74.96

6.3.4 黄水沟

黄水沟河水蒸发剩余比春季最高（91%）、夏季最低（73%）（图6.13）。蒸发前后，夏季河水的$\delta^{18}O$与δ^2H低于春、秋季，而夏季蒸发水汽的$\delta^{18}O$与δ^2H高于春、秋季（表6.5）。河水蒸发水汽的$\delta^{18}O$与δ^2H的季节变化幅度显著大于河水$\delta^{18}O$与δ^2H。受蒸发富集的影响，相对于蒸发前，蒸发后河水$\delta^{18}O$与δ^2H分别升高了0.92‰（春季）~1.48‰（夏季）和10.71‰（春季）~19.16‰（夏季）。

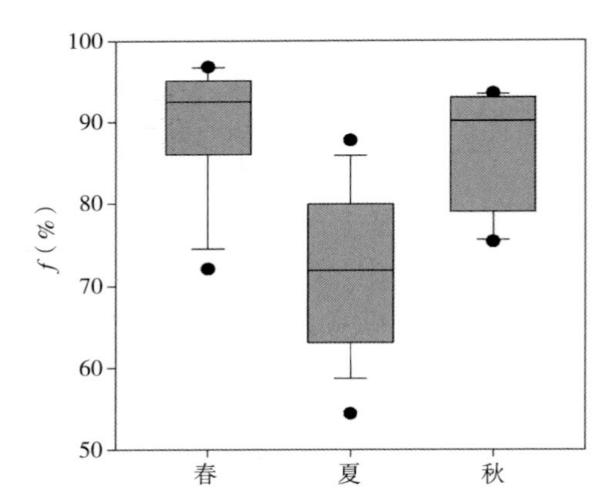

图6.13　2016年黄水沟河水蒸发剩余比季节变化

表6.5　黄水沟河水、河水蒸发水汽及蒸发前、后河水的$\delta^{18}O$与δ^2H的季节变化

	$\delta^{18}O_W$	δ^2H_W	$\delta^{18}O_E$	δ^2H_E	$\delta^{18}O_0$	δ^2H_0
春	−10.41	−70.27	−20.71	−194.24	−11.33	−80.98
夏	−11.04	−74.85	−17.13	−150.85	−12.52	−94.01
秋	−10.25	−68.45	−19.73	−176.13	−11.35	−80.92

6.3.5　阿克苏河

阿克苏河水蒸发剩余比夏季显著低于春、秋季，且托什干河河水蒸发剩余比高于库玛拉克河（图6.14）。夏季，托什干河和库玛拉克河河水蒸发剩余比分别为72%和65%。春、秋季，托什干河和库玛拉克河河水蒸发剩余比分别为92%～93%和86%～89%。受蒸发富集的影响，与蒸发前相比，蒸发后托什干河河水$\delta^{18}O$与$\delta^{2}H$分别升高了0.82‰～1.74‰和8.63‰～19.13‰；蒸发后库玛拉克河河水$\delta^{18}O$与$\delta^{2}H$分别升高了1.29‰～1.51‰和14.19‰～17.53‰（表6.6）。夏季升高幅度高于春、秋季，托什干河变化幅度大于库玛拉克河。蒸发前后，库玛拉克河与托什干河河水$\delta^{18}O$与$\delta^{2}H$都没有显著的季节变化，但库玛拉克河河水$\delta^{18}O$与$\delta^{2}H$都略高于托什干河。夏季河水蒸发水汽的$\delta^{18}O$与$\delta^{2}H$显著高于春、秋季，库玛拉克河与托什干河之间没有显著的差异。

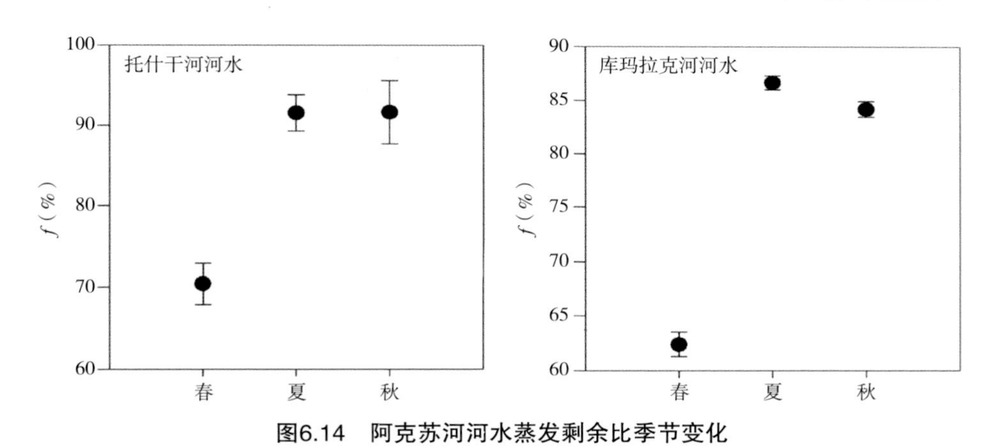

图6.14　阿克苏河河水蒸发剩余比季节变化

表6.6　阿克苏河河水、河水蒸发水汽及蒸发前、后河水的$\delta^{18}O$与$\delta^{2}H$的季节变化

	$\delta^{18}O_W$	$\delta^{2}H_W$	$\delta^{18}O_E$	$\delta^{2}H_E$	$\delta^{18}O_0$	$\delta^{2}H_0$
T春	−10.35	−67.62	−21.36	−199.53	−11.26	−78.20
T夏	−9.44	−59.08	−15.87	−129.11	−11.18	−78.21
T秋	−9.10	−54.83	−19.87	−168.98	−9.92	−63.46
K春	−11.45	−75.45	−21.04	−196.22	−12.74	−90.97
K夏	−11.14	−74.06	−15.52	−124.52	−12.65	−91.59
K秋	−10.46	−65.57	−19.48	−162.89	−11.79	−79.76

注：T. 托什干河；K. 库玛拉克河

乌鲁木齐河与开都河上游山区河水的蒸发剩余比没有显著的季节变化（82%~86%），其他流域河水都是夏季蒸发剩余比显著低于春、秋季。尽管天山南坡的气温高于北坡，但南北坡河水蒸发剩余比没有显著的差异，北坡河水的平均蒸发剩余比为84%，南坡为83%。然而，本研究考虑的不仅仅是出山口的蒸发情况，而是整个流域的情况，受交通条件影响，南坡采样范围更广，因此，不同海拔区蒸发损失相互抵消，南北坡河水蒸发损失的差异也被抵消。蒸发前后，天山南北坡河水及河水蒸发水汽的$\delta^{18}O$与$\delta^{2}H$没有显著的差异，季节变化特征也相似，表明南北坡水循环过程相似。

6.4 蒸发对地下水的影响

6.4.1 开都河

开都河地下水蒸发剩余比存在显著的季节变化，夏季最低（69%），春季最高（98%），秋季为88%（图6.15）。受蒸发富集的影响，相对于蒸发前，蒸发后地下水的$\delta^{18}O$与$\delta^{2}H$分别升高了0.23‰~1.55‰和2.56‰~17.92‰（表6.7）。蒸发后，夏季地下水的$\delta^{18}O$与$\delta^{2}H$高于春、秋季，蒸发前河水$\delta^{18}O$与$\delta^{2}H$没有明显的季节变化。

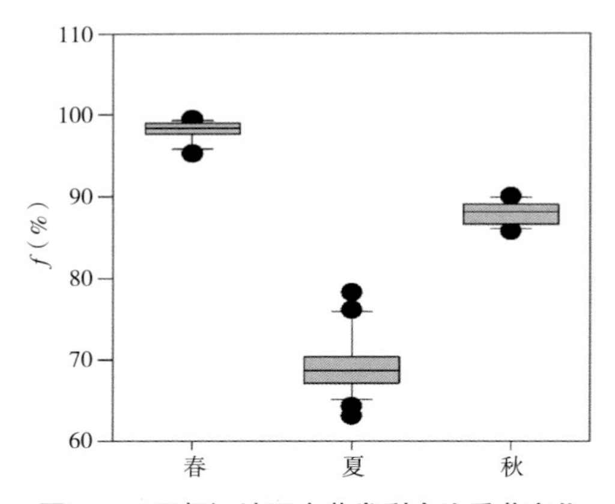

图6.15 开都河地下水蒸发剩余比季节变化

表6.7 开都河地下水、地下水蒸发水汽及蒸发前地下水的$\delta^{18}O$与$\delta^{2}H$的季节变化

	$\delta^{18}O_W$	$\delta^{2}H_W$	$\delta^{18}O_0$	$\delta^{2}H_0$
春	−10.97	−72.35	−11.20	−74.91

（续表）

	$\delta^{18}O_W$	δ^2H_W	$\delta^{18}O_0$	δ^2H_0
夏	−9.82	−65.68	−11.37	−83.60
秋	−10.39	−69.30	−11.49	−81.30

注：W. 地下水；0. 蒸发前地下水

6.4.2　阿克苏河

阿克苏河地下水蒸发剩余比夏季低（68%～69%），春秋季高（88%～91%）（图6.16）。地下水与泉水的蒸发损失没有显著差异。与蒸发前地下水相比，蒸发后地下水的$\delta^{18}O$与δ^2H分别升高了1.07‰～1.58‰和11.73‰～16.73‰（表6.8）。蒸发前后，地下水与泉水的$\delta^{18}O$与δ^2H都没有显著的差异，表明地下水与泉水有相似的补给来源。

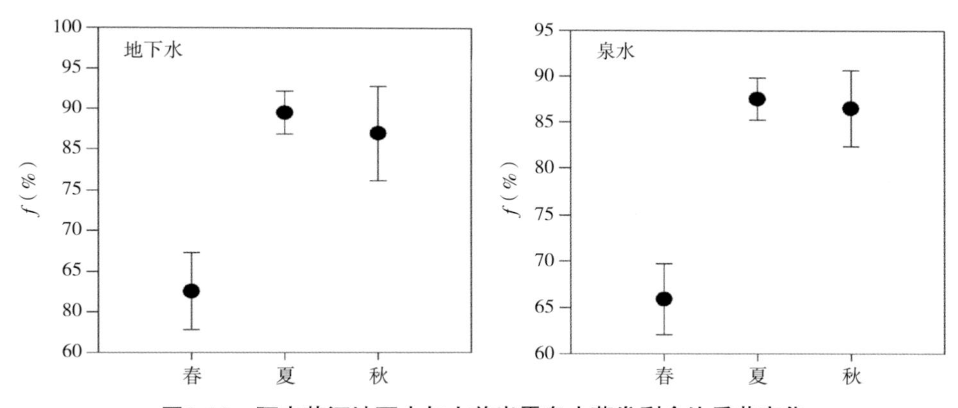

图6.16　阿克苏河地下水与山前出露泉水蒸发剩余比季节变化

表6.8　阿克苏河地下水、地下水蒸发水汽及蒸发前、后地下水的$\delta^{18}O$与δ^2H的季节变化

	$\delta^{18}O_W$	δ^2H_W	$\delta^{18}O_0$	δ^2H_0
G春	−10.82	−72.41	−11.89	−84.82
G夏	−10.12	−70.17	−11.70	−86.30
G秋	−9.96	−62.90	−11.07	−74.63
S春	−11.26	−76.16	−12.48	−90.51
S夏	−10.43	−71.04	−12.01	−87.77
S秋	−10.02	−62.34	−11.19	−74.71

注：W. 地下水；0. 蒸发前地下水；G. 地下水；S. 泉水

夏秋季，开都河与阿克苏河地下水的蒸发剩余比相近，开都河地下水春季蒸发剩余比高于阿克苏河。蒸发前后，开都河流域与阿克苏河流域地下水的$\delta^{18}O$与$\delta^{2}H$没有显著的差异，表明两个流域的地下水具有相似的水循环过程。天山地区地下水平均蒸发剩余比与河水一样，都是83%。蒸发前后，地下水与河水的平均$\delta^{18}O$与$\delta^{2}H$也相似，表明天山地区地表水与地下水的补给来源具有相似性。

同样位于干旱区的阿拉伯联合酋长国东部地下水的平均蒸发剩余比为79%~81%（Murad & Krishnamurthy，2008）。略低于天山地区地下水的蒸发剩余比。这是因为，阿拉伯联合酋长国位于亚热带地区，为热带沙漠气候，天山位于温带地区，为温带大陆性气候。阿拉伯与天山地区相比，气候更干燥，蒸发更强烈，因此地下水蒸发损失比更高。尼罗河下游河谷，河水平均蒸发剩余比为69%（Mohammed et al，2016）。低于天山地区河水平均蒸发剩余比，也是因为尼罗河气温更高，蒸发更旺盛，而且尼罗河土壤以沙土为主，更有利于蒸发。Clark和Fritz（1997）指出，在干旱的沙土分布区，蒸发损失甚至可以达到100%。

6.5 地表水与地下水蒸发不确定性分析

Craig-Gordon模型可以根据气象参数估计蒸发水体从液态到气态的相变过程中，水体氢氧稳定同位素的平衡分馏和动力分馏过程（Benettin et al，2018）。和其他模型一样，Craig-Gordon模型模拟结果的不确定性来自模型本身的那些与现实情况存在差异的假设条件，即模型不确定性；和来自模型所用参数的时空变化引起的不确定性，即统计不确定性（Chen et al，2019，2018）。下面从所用参数来分析模拟结果的不确定性来源。

Craig-Gordon模型与改进的Craig-Gordon模型所用的参数包括平衡分馏系数α、平衡富集因子ε_{eq}、动力富集因子ε_{diff}、归一化大气相对湿度h_N、蒸发水体同位素组成δ_L、蒸发水体上空自由大气水汽同位素组成δ_A、蒸发剩余水体比f、蒸发水体上空大气湍流指数X和水的热力学活度系数γ（Bam & Ireson，2019；Benettin et al，2018；Gonfiantini et al，2018；Gat et al，1996，2001）。以上参数中，只有蒸发水体同位素组成是实测获取的，其他参数都是根据气象参数或者降水同位素模拟获取的。因此，这些参数获取过程中又存在两个不确定性来源，一是流域地形复杂，而流域内监测站点稀少，这必然会丢失很多细节信息；二是在参数模拟过程中，又会引入一些与现实情况存在差异的假设条件，从而引起模型不确定性。

而在以上参数中，蒸发水体上空自由大气水汽同位素组成δ_A与蒸发剩余水体比f是不确定性最显著的两个参数。蒸发水体上空自由大气水汽同位素组成δ_A是将云层中雨滴的形成过程近似为瑞利平衡分馏过程，根据降水同位素推导而来（Benettin et al，2018；Gat，2001）。首先，雨滴的形成过程并不一定是瑞利平衡分馏过程；其次，降水同位素受到水汽来源、云下二次蒸发等过程的影响（Crawford et al，2017；Salamalikis et al，2016）。对于蒸发剩余水体比f，在自然状态下，这个参数本身很难监测，本研究采用Clark和Fritz（1997）的方法进行估算。在估算过程中，需要用到蒸发水体的补给水体蒸发前的同位素组成，这个参数在自然状态下也很难监测。本研究利用δ^{18}O与δ^{2}H二元图中，区域蒸发线与LMWL的交点解译出蒸发水体的补给水体蒸发前的平均同位素组成（Benettin et al，2018；Dogramaci et al，2012；Telmer & Veizer，2000）。然而，由于天山地区气候季节变化显著，各水体季节变化幅度较大，同时天山地表水与地下水的补给来源多样，因此，蒸发剩余水体比f估算会有不容忽视的不确定性。

6.6　小结

蒸发是主要的水循环过程之一，也是影响水体氢氧稳定同位素组成的主要原因之一。本节基于Froehlic模型、Craig-Gordon模型以及改进的Craig-Gordon模型，估算了中国天山降水、地表水与地下水蒸发损失比以及降水、地表水中氢氧稳定同位素的蒸发富集程度，得出了以下几点结论。

（1）天山降水d-excess变化量Δd与蒸发剩余比之间呈-1‰/%的线性关系。气温越低，降水量越大，相对湿度越高，雨滴半径越大，雨滴蒸发剩余比越高，d-excess变化量越小，二者之间的线性关系越显著，斜率越低，斜率甚至小于-1‰/%。反之，气温越高，降水量越小，相对湿度越低，雨滴半径越小，雨滴蒸发剩余比越低，d-excess变化量越大，二者的线性关系越弱，斜率越高，斜率往往高于-1‰/%。

（2）乌鲁木齐河与开都河上游山区河水的蒸发剩余比没有显著的季节变化（82%～86%），其他流域河水都是夏季蒸发剩余比显著高于春、秋季。尽管天山南坡的气温高于北坡，但南北坡河水蒸发剩余比没有显著的差异，北坡河水的平均蒸发剩余比为84%，南坡为83%。蒸发前后，天山南北坡河水及河水蒸发水汽的$\delta^{18}O$与$\delta^{2}H$没有显著的差异，季节变化特征也相似，表明南北坡水循环过程相似。

（3）夏、秋季，开都河与阿克苏河地下水的蒸发剩余比相近，开都河地下水春季蒸发剩余比高于阿克苏河。蒸发前后，开都河与阿克苏河地下水的$\delta^{18}O$与$\delta^{2}H$都没有显著的差异，表明两个流域的地下水具有相似的水循环过程。

第7章　径流组分特征

在高寒山区，冬季降水以积雪的形式存储于山区，而于降水较少的春季补充径流；冰川则将水资源存储在高寒山区，而于干旱年份补充径流（Farinotti et al，2015；Immerzeel & Bierkens，2012）。在干旱区，冰雪融水对径流的贡献甚至超过降水，是农业灌溉、城市发展、水电能源生产和区域生态环境建设的重要水源（Bolch，2017）。同时，冰雪融水对径流的补给受到能量、降水量等多种因素的影响，对气候变化极为敏感（Jin et al，2016；Yi et al，2016；Wang et al，2014a；Sorg et al，2012）。近年来，越来越多的学者关注冰雪融水对径流的贡献（Bravo et al，2017；Chen et al，2017；Lutz et al，2014）。

研究冰雪融水对天山径流的贡献可以为应对气候变暖对区域水资源的不利影响提供科学依据。本节利用同位素径流分割方法，以天山南北坡典型流域（天山北坡：乌鲁木齐河流域、玛纳斯河流域；天山南坡：开都河流域、黄水沟流域、库玛拉克河流域和托什干河流域）为研究靶区，定量分析典型融冰期与融雪期冰雪融水对天山径流的贡献，探讨不同冰川面积比和积雪面积比与冰雪融水对径流贡献的关系。

7.1　方法

7.1.1　同位素径流分割模型

基于稳定示踪剂的多端元混合模型，可以识别不同补给端元对径流的贡献比（Fischer et al，2017；Uhlenbrook & Hoeg，2003）。假设某径流包括n个补给来源，则基于n-1个示踪剂t_1，t_2，…，t_{n-1}可以用式（7-1）、式（7-2）进行径流分割。

$$Q_t = Q_1 + Q_2 + \cdots + Q_n \tag{7-1}$$

$$C_t^{t_i} Q_t = C_1^{t_i} Q_1 + C_2^{t_i} Q_2 + \cdots + C_n^{t_i} Q_n \tag{7-2}$$

式中，Q_t是总径流量；$Q_1,Q_2,\cdots,Q_n$为各端元径流量；$C_1^{t_1},C_1^{t_2},\cdots,C_1^{t_i}$为各端元对应于示踪剂$t_i$的浓度。

7.1.2 不确定性

同位素径流分割模型的一个关键问题是示踪剂浓度不确定性的时空传递（Davis et al，2015；Delsman et al，2013）。本研究利用Gaussian误差估计量来估计径流分割的不确定性（Genereux，1998）。这种方法考虑了径流分割模型中所有变量的误差。假设某特定径流组分对径流的贡献是一序列变量$c_1,c_2,\cdots,c_n$的函数，且每个变量的不确定性是相互独立的。则某个变量的不确定性可以用式（7-3）估计（Guo et al，2015；Suarez et al，2015）。

$$W_{f_x} = \sqrt{\left(\frac{\partial z}{\partial c_1} W_{c_1}\right)^2 + \left(\frac{\partial z}{\partial c_2} W_{c_2}\right)^2 + \cdots + \left(\frac{\partial z}{\partial c_n} W_{c_n}\right)^2} \tag{7-3}$$

式中，W代表下标限定的变量的不确定性；f_x代表径流组分x对径流的贡献。

7.2 径流组分的时空分布

以天山北坡（乌鲁木齐河和玛纳斯河）和南坡（开都河、黄水沟、库河和托河）6个典型流域为研究靶区，基于多端元混合模型，选择氧同位素和EC作为三端元混合径流分割模型的示踪剂，定量划分不同径流组分对典型融雪期和典型融冰期天山地区径流的贡献。

随着春季气温上升，季节性积雪开始融化。至6月中旬，季节性积雪融化基本结束，冰川融化逐渐占据主导地位。4—5月是天山北坡的典型融雪期，3—4月是天山南坡的典型融雪期（图7.1）。7—8月是天山地区的典型融冰期。总体来说，在典型融雪期，冰川融水对径流的贡献可以忽略；在典型融冰期，季节性积雪融水对径流的贡献可以忽略。在本研究中将基流作为事件前水，而降雨和季节性积雪融水或者冰川融水作为事件水（Pu et al，2017）。

以下模型中用到的融水、河水、地下水的δ^{18}O和EC值是算术平均值，而降水的δ^{18}O和EC值为基于式（7-4）的降水量的加权平均值。

$$C=\sum_{i=1}^{n}\frac{p_i}{P}\cdot C_i \tag{7-4}$$

式中，C是δ^{18}O或EC的加权平均值；P是典型融雪期或者典型融冰期的总降水量；p_i是第i次降水事件的降水量；C_i是第i次降水的δ^{18}O或EC。

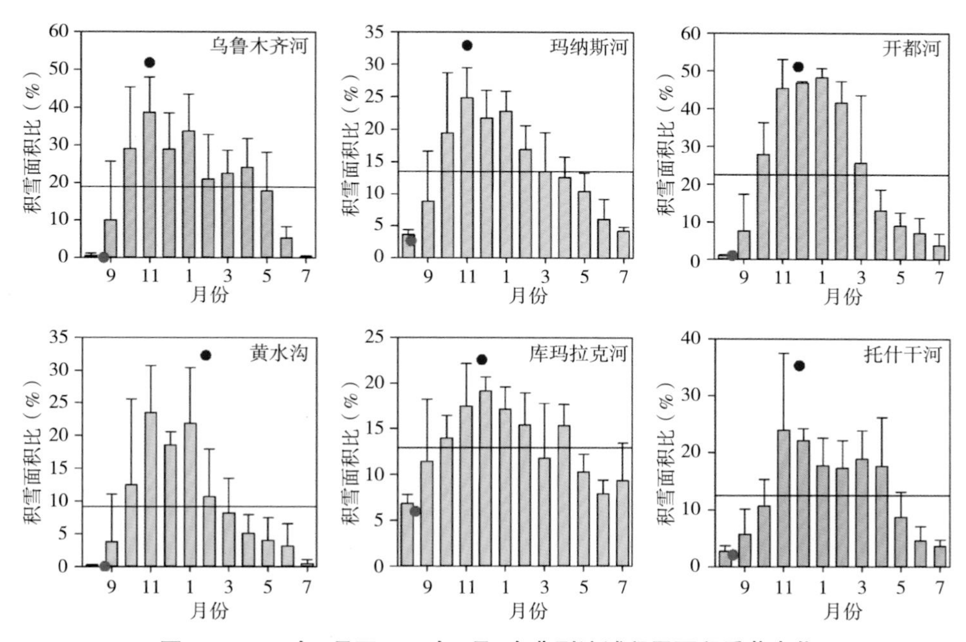

图7.1　2015年8月至2016年8月6个典型流域积雪面积季节变化

注：灰色条图代表月平均积雪面积，红色圆点代表流域年最小积雪面积，蓝点代表流域年最大积雪面积，黑色横线代表流域年平均积雪面积

基流、降水、融水和河水的氧同位素和EC在融雪期和融冰期都存在显著的差异（$P<0.05$）（表7.1），且河水样品位于基流、降水和融水组成的三角形的中间（图7.2），满足端元混合径流分割模型的使用要求（Klaus & McDonnell，2013）。因此，氧同位素和EC可以作为三端元混合径流分割模型的示踪剂，估计各径流组分对北天山和中天山6个典型流域的贡献。

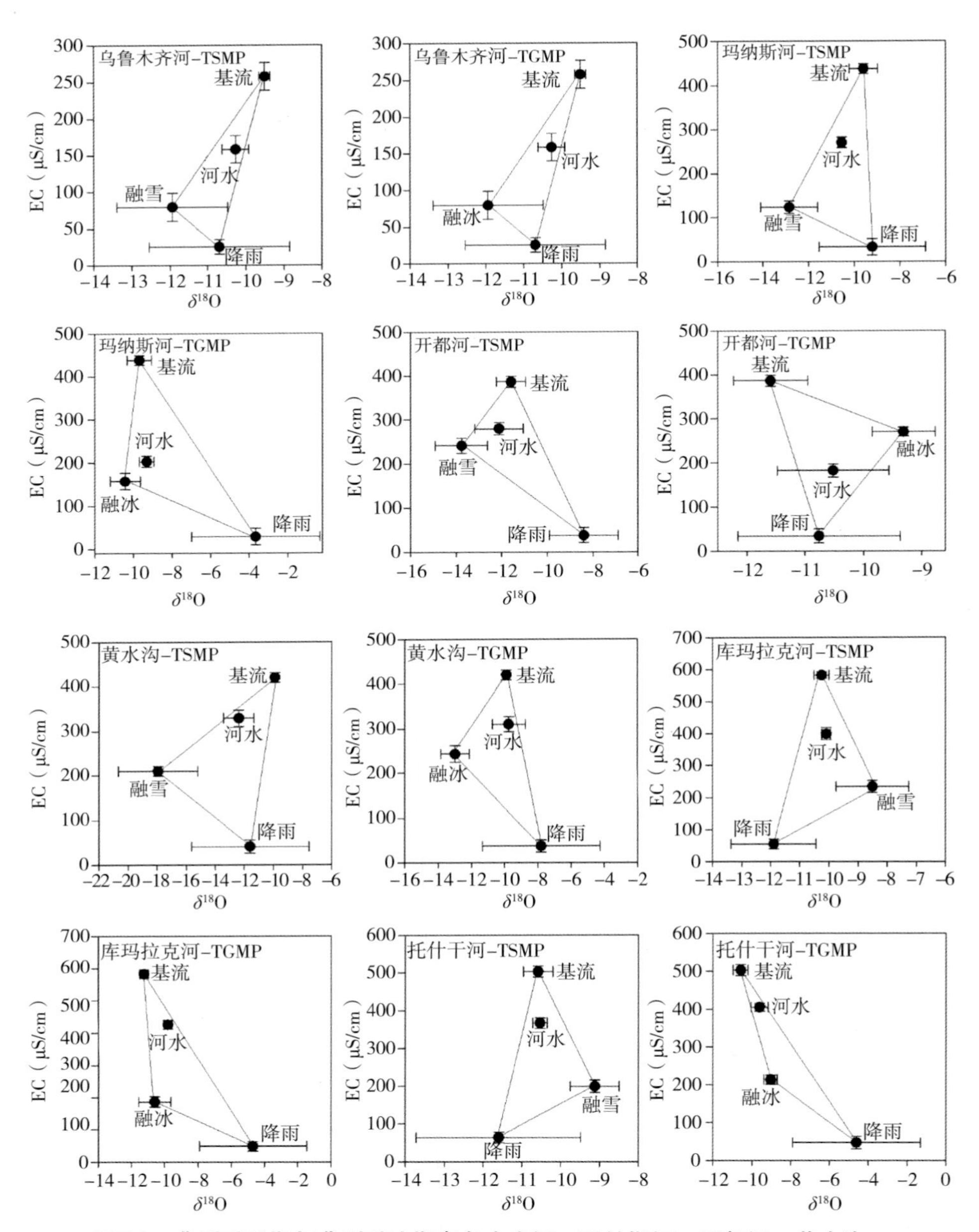

图7.2　典型融雪期与典型融冰期乌鲁木齐河、玛纳斯河、开都河、黄水沟、库玛拉克河与托什干河不同径流组分δ^{18}O与EC的混合

注：TSMP. 典型融雪期；TGMP. 典型融冰期

表7.1　典型融雪期与典型融冰期6个典型流域积雪融水、冰川融水、基流、降雨与河水的氢氧稳定同位素组成（$\delta^{18}O$和$\delta^{2}H$）与EC

		冰川/积雪融水			基流		
		$\delta^{18}O$	$\delta^{2}H$	EC	$\delta^{18}O$	$\delta^{2}H$	EC
乌鲁木齐河流域	TSMP	−11.94	−82.52	80	−9.51	−59.82	258
	TGMP	−10.57	−68.04	83	−9.51	−59.82	258
玛纳斯河流域	TSMP	−12.85	−89.61	123	−9.96	−68.45	438
	TGMP	−10.44	−69.08	157	−9.96	−68.45	438
开都河流域	TSMP	−15.60	−112.07	242	−11.42	−77.19	386
	TGMP	−9.31	−56.26	182	−11.42	−77.19	386
黄水沟流域	TSMP	−15.14	−112.22	210	−9.91	−63.45	420
	TGMP	−13.00	−81.50	243	−9.91	−63.45	420
库玛拉克河流域	TSMP	−8.50	−59.56	234	−10.25	−72.84	582
	TGMP	−10.60	−65.90	186	−10.25	−72.84	582
托什干河流域	TSMP	−9.79	−65.59	199	−10.58	−74.75	503
	TGMP	−8.85	−52.33	213	−10.58	−74.75	503

		降雨			河水		
		$\delta^{18}O$	$\delta^{2}H$	EC	$\delta^{18}O$	$\delta^{2}H$	EC
乌鲁木齐河流域	TSMP	−11.70	−76.27	25	−9.77	−63.74	158
	TGMP	−7.98	−43.63	24	−9.04	−58.37	137
玛纳斯河流域	TSMP	−9.90	−69.38	33	−10.55	−70.87	270
	TGMP	−4.54	−30.36	28	−10.92	−72.71	203
开都河流域	TSMP	−8.40	−56.20	37	−12.07	−82.54	280
	TGMP	−9.30	−59.59	34	−10.27	−66.62	270
黄水沟流域	TSMP	−11.60	−75.70	42	−10.18	−67.71	340
	TGMP	−7.80	−52.10	37	−10.25	−68.45	310
库玛拉克河流域	TSMP	−11.90	−91.30	55	−11.45	−75.45	398
	TGMP	−4.70	−28.50	49	−11.14	−74.06	426
托什干河流域	TSMP	−11.60	−89.40	64	−10.56	−68.38	368
	TGMP	−4.60	−27.50	47	−9.58	−60.63	405

图7.3展示了6个典型流域径流分割的结果。降雨对典型融冰期的贡献率高于典型融雪期。在典型融雪期，降雨对乌鲁木齐河、玛纳斯河、开都河、黄水沟、库玛拉克河与托什干河的贡献率分别为7%、8%、7%、9%、5%和6%。在典型融冰期，降雨对开都河的贡献最大（23%），对托什干河的贡献最小（9%）。对乌鲁木齐河、玛纳斯河、黄水沟和库玛拉克河的贡献率分别为14%、12%、13%和11%。

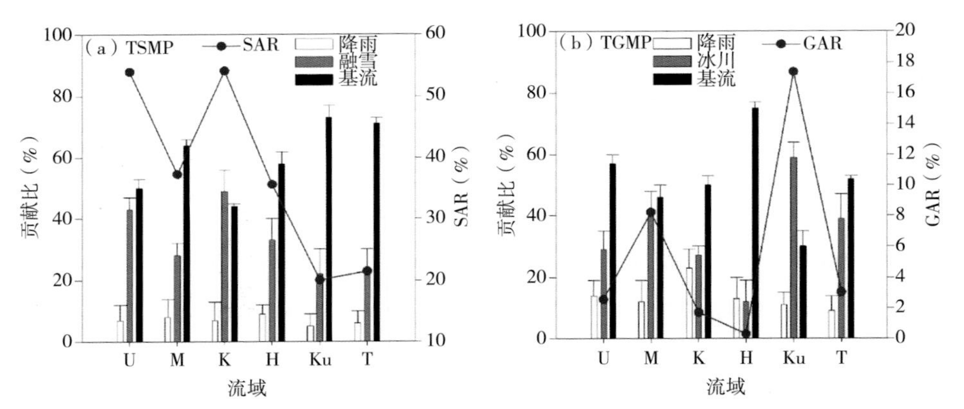

图7.3　典型融雪期径流分割结果以及最大积雪面积与积雪融水对径流贡献率对比（a）、典型融冰期径流分割结果以及冰川面积与冰川融水对径流贡献比较（b）

注：误差棒代表各径流组分引起的径流分割结果的不确定性。U. 乌鲁木齐河流域；M. 玛纳斯河流域；K. 开都河流域；H. 黄水沟流域；Ku. 库玛拉克河流域；T. 托什干河流域。SAR. 流域年最大积雪面积比；GAR. 流域冰川面积比

基流对6个典型流域的平均贡献率为56%，是天山地区径流的最主要补给来源（30%～75%）。典型融雪期，基流对乌鲁木齐河、玛纳斯河、开都河、黄水沟、库玛拉克河与托什干河的贡献率分别为50%、64%、44%、58%、73%与71%。融冰期，对6个典型流域的贡献率分别为57%、46%、50%、75%、30%与52%。基流对典型融雪期（60%）径流的贡献率高于典型融冰期（52%）。如果不考虑黄水沟流域，在典型融雪期，基流对天山北坡（57%）的贡献低于天山南坡（63%）；在典型融冰期，基流对天山北坡（52%）的贡献高于天山南坡（44%）。

季节性积雪融水或冰川融水对径流的贡献具有显著的空间变异性。在典型融雪期，季节性积雪融水对乌鲁木齐河、玛纳斯河、开都河、黄水沟、

库玛拉克河与托什干河的贡献分别为43%、28%、49%、33%、22%与23%。积雪融水对开都河的贡献最大，对托什干河的贡献最小。在典型融冰期，冰川融水对6个典型流域的贡献分别为29%、42%、27%、12%、59%与39%。冰川融水对库玛拉克河的贡献最大，对黄水沟的贡献最小。不考虑黄水沟，积雪融水对天山北坡（36%）的贡献高于天山南坡（31%），冰川融水对天山南坡（42%）的贡献高于天山北坡（36%）。

7.3 径流分割的不确定性分析

影响冰川流域基于HIS方法进行径流分割准确性的因子有很多，在复杂的冰川流域更是如此（Penna et al，2017；Schmieder et al，2016）。一般来说径流分割的不确定性包括径流组分时空变化和试验误差组成的统计误差和由模型的一序列假设导致的模型误差（Joerin et al，2002；Genereux，1998）。受观测条件和可用数据的限制，模型的不确定性很难量化，所以通常被忽略了（Pu et al，2017；Delsman et al，2013）。而统计不确定性可以通过泰勒级数一级展开式方法量化（Genereux，1998）。

相比试验误差，径流组分时空变化引起的径流分割不确定性更显著（Penna et al，2017）。本研究利用Genereux（1998）的不确定性分析法定量分析径流组分时空变化引起的不确定性。各示踪剂浓度的标准差作为式（7-3）中的W项。然后，W项通过乘以70%置信水平下的Student's t值进行加权。图7.3中的误差棒是不同季节径流分割的统计不确定性分析结果。

由于没有考虑到的降水中$\delta^{18}O$与EC的时空变化引起的径流分割不确定性的变化范围为4%～7%。时间上，气温、相对湿度、水汽来源等都会导致不同降水事件的$\delta^{18}O$与EC不同（Kong et al，2013；Pang et al，2011）。空间上，高寒山区降水的垂直地带性分异也会导致$\delta^{18}O$与EC表现出随海拔变化的特征（Kong & Pang，2016；Dansgaard，1964）。

由于没有考虑到的基流中$\delta^{18}O$与EC的时空变化引起的径流分割不确定性最小，变化范围为1%～5%。基流主要由地下水与土壤水组成，而地下环境的时空变化显著小于地表环境（Gat，1996）。

由于没有考虑到的季节性积雪融水或冰川融水中$\delta^{18}O$与EC的时空变化

引起的径流分割不确定性的变化范围为3%～8%。空间上，随着流域内微环境的变化，季节性积雪融水或冰川融水中δ^{18}O与EC会随之发生显著的时空变化（Schmieder et al，2016；Shrestha et al，2015）。时间上，随着冰川、积雪相态变化，δ^{18}O与EC会被重新分配（Sokratov & Golubev，2009；Earman et al，2006）。

径流分割的不确定性是不可避免的（Penna et al，2017；Tekleab et al，2014）。尽管HIS径流分割方法存在明显的不确定性，且量化分析这些不确定性仍然存在较大的困难（Penna et al，2017；Tekleab et al，2014）。但对于资料稀缺的高寒冰川流域，HIS方法仍然是评估各径流组分端元对径流贡献比的有效方法（Pu et al，2017）。为了降低HIS方法的不确定性，未来应该加大样品采集的时空分辨率。

7.4 冰冻圈对径流的贡献

尽管地理位置不同，气候特征与区域环境不同，冰川积雪面积比不同，对冰川流域来说，冰雪融水都是重要的补给来源，干旱半干旱区流域尤其如此。东阿尔卑斯山中段的Rofenache河流域冰川面积比为35%，4月和7月积雪面积比分别为90%和66%，同期积雪融水对径流的贡献分别为35%±3%和75%±14%，是融雪期最主要的径流组分（Schmieder et al，2016）。发源于喜马拉雅山的印度河支流Sutlej河流域的冰川和积雪面积比分别为3.2%和24.1%，对年径流的贡献分别为10%和35%，在高海拔山区，冰川对径流的贡献甚至高达30%（Wulf et al，2016）。发源于兴都库什喜马拉雅山地区的Tamakoshi流域的冰川和积雪面积比分别为3.4%和20%，冰雪融水对年径流的贡献为18%，积雪融水对春季和夏季径流的贡献分别为25%和17%（Khadka et al，2014）。位于青藏高原玉龙雪山的白水流域和杨功河流域，冰川面积比分别为11.6%和2.1%，季风期前，积雪融水对两条河流的贡献分别为38.3%和47.9%，季风期，冰川融水对两条河流的贡献分别为61.1%和6.8%（Pu et al，2017）。位于昆仑山的叶尔羌河流域，冰川面积比为12.6%，冰川融水对年径流的贡献为42.3%～64.5%，平均为51.6%，是流域最主要的径流补给来源（Yin et al，2017）。尽管冰川面积只占黑河流域面积的4.2%，冰川融水对黑河年径流的贡献可达28%（Li et al，2016b）。

2015年冬至2016年春，天山乌鲁木齐河、玛纳斯河、开都河、黄水沟、库河和托河最大积雪面积比分别为53.95%、37.31%、54.09%、35.62%、20.01%和21.43%（图7.3a），积雪融水对2016年典型融雪期径流的贡献分别为43%、28%、49%、33%、22%和23%（图7.3a）；这6个流域2016年的冰川面积比分别为2.55%、8.22%、1.69%、0.28%、17.36%和3.02%（图7.3b），冰川融水对2016年典型融冰期径流的贡献分别为29%、42%、27%、12%、59%和39%（图7.3b）。尽管只有6个流域，不足以进行统计分析，但从研究结果可以看出冰雪融水对径流的贡献与冰川/积雪面积比具有正相关关系。库河流域冰川面积比最大，冰川融水对径流的贡献最大（图7.3b）。黄水沟冰川面积比最小，冰川融水对径流的贡献最小（图7.3b）。最大积雪面积比与积雪融水对径流的贡献也有类似特征，乌鲁木齐河流域和开都河流域最大积雪面积比最大，积雪融水对乌鲁木齐河和开都河径流的贡献也最大（图7.3a）。表明天山地区各河流径流对积雪与冰川有很强的依赖性，冰川和积雪面积比是量化评估冰冻圈变化对流域径流变化的有效因子（Li et al，2017；Zhang et al，2016；Zhang et al，2015a）。

7.5　小结

基于端元混合模型估计了不同径流组分对天山北坡和天山南坡冰川面积比和积雪面积比不同的6个流域典型融雪期和典型融冰期的贡献以及季节性积雪融水对径流的贡献与最大积雪面积比的关系、冰川融水对径流的贡献与流域冰川面积比的关系，得出以下主要结论。

（1）降雨对典型融冰期的贡献率高于典型融雪期。在典型融雪期，降雨对径流贡献率的变化范围为5%～9%。在典型融冰期，降雨对径流贡献率的变化范围为9%～23%。

（2）基流对6个典型流域的平均贡献率为56%，是天山地区径流的最主要补给来源（30%～75%）。基流对天山北坡（57%）的贡献低于天山南坡（63%）；在典型融冰期，基流对天山北坡（52%）的贡献高于天山南坡（44%）。

（3）季节性积雪融水或冰川融水对径流的贡献具有显著的空间变异性。在典型融雪期，季节性积雪融水对径流的贡献率的变化范围为22%～49%。在典型融冰期，冰川融水对径流的贡献率的变化范围为12%～59%。积雪融水对天山北坡（36%）的贡献高于天山南坡（31%）；冰川融水对天山南坡（42%）的贡献高于天山北坡（36%）。天山各河流对冰川积雪具有很强的依赖性，季节性积雪融水或冰川融水对径流的贡献与流域最大积雪面积比或流域冰川面积比呈正相关关系。

第8章 结论与展望

天山山脉作为西北干旱区中的“湿岛”，是新疆重要的水资源形成区与储存区。深入研究天山地区的水循环过程对于应对气候变化带来的不利影响、预测区域未来水资源变化趋势具有重要的指导意义。本研究以天山南、北坡典型流域（北坡：乌鲁木齐河流域、玛纳斯河流域；南坡：开都河流域、黄水沟流域和阿克苏河流域）为研究靶区，基于氢氧稳定同位素，分析了中国天山地区降水、地表水与地下水氢氧稳定同位素的时空分布特征，解析了降水水汽来源，估算了蒸发分馏对降水、地表水和地下水的影响，揭示了各流域径流组分来源与特征。以下是本研究的主要结论、创新点与不足以及研究展望。

8.1 主要结论

（1）天山降水$\delta^{18}O$与$\delta^{2}H$冬季低，夏季高，d-excess夏季变化幅度小，冬季变化幅度大。$\delta^{18}O$与气温、水汽压有显著的正相关关系，与相对湿度有显著的负相关关系。由于云下二次蒸发的影响，红沟站与肯斯瓦特站的LMWL的斜率与截距都小于GMWL。由于具有相似的水循环过程，天山南北坡河水同位素组成没有显著的差异。河水同位素的季节变化远小于降水，不同流域、不同季节，河水同位素随环境因子的反应不同。南坡河水蒸发线的斜率和截距均高于北坡。河水与地下水频繁的交互作用致使区域内的地表水与地下水的氢氧稳定同位素具有相似的特征。开都河与阿克苏河地下水同位素没有显著的差异，且都没有显著的季节变化。不同类型的地下水的蒸发线差异很大，但受蒸发分馏的影响，平原区地下水的斜率和截距都显著低于LMWL与GMWL。

（2）降雨对典型融冰期的贡献率高于典型融雪期。在典型融雪期，降雨对径流贡献的变化范围为5%～9%。在典型融冰期，降雨对径流贡献的变化范围为9%～23%。基流对6个典型流域的平均贡献率为56%，是天山地区径流的最主要补给来源（30%～75%）。基流对天山北坡（57%）的贡献低于天山南坡（63%）；在典型融冰期，基流对天山北坡（52%）的贡献高于天山南坡（44%）。季节性积雪融水或冰川融水对径流的贡献具有显著的空间变异性。在典型融雪期，季节性积雪融水对径流的贡献变化范围为22%～49%。在典型融冰期，冰川融水对径流贡献的变化范围为12%～59%。积雪融水对天山北坡（36%）的贡献高于天山南坡（31%）；冰川融水对天山南坡（42%）的贡献高于天山北坡（36%）。季节性积雪融水或冰川融水对径流的贡献与流域最大积雪面积比或流域冰川面积比呈正相关关系。

（3）森林带与草原带的外来水汽主要来源于亚欧大陆再循环水汽和黑海—里海蒸发水汽；再循环水汽对森林带与草原带的贡献具有显著的季节变化特征，除春季外，蒸发水汽对森林带的贡献低于草原带；植物蒸腾主要发生于夏季，蒸腾水汽对森林带降水的贡献（5.35%）高于对草原带降水的贡献（3.79%）；下垫面特征与气温是影响再循环水汽比的主要因子；降水水汽来源对天山北坡森林带与草原带的降水同位素没有显著的影响。

（4）天山降水d-excess变化量Δd与蒸发剩余比之间存在1‰/%的线性关系。气温越低，降水量越大，相对湿度越高，雨滴半径越大，雨滴蒸发剩余比越高，d-excess变化量越小，二者之间的线性关系越显著，斜率越低，斜率甚至小于1‰/%。反之，气温越高，降水量越小，相对湿度越低，雨滴半径越小，雨滴蒸发剩余比越低，d-excess变化量越大，二者的线性关系越弱，斜率越高，斜率往往高于1‰/%。乌鲁木齐河与开都河上游山区河水的蒸发剩余比没有显著的季节变化（82%～86%），其他流域河水都是夏季蒸发剩余比显著高于春、秋季。尽管天山南坡的气温高于北坡，但南北坡河水蒸发剩余比没有显著的差异，北坡河水的平均蒸发剩余比为84%，南坡为83%。蒸发前后，天山南北坡河水及河水蒸发水汽的$\delta^{18}O$与$\delta^{2}H$没有显著的差异，季节变化特征也相似，表明南北坡水循环过程相似。夏、秋季，开都河与阿克苏河地下水的蒸发剩余比相近，开都河地下水春季蒸发剩余比高于阿克苏河。蒸发前后，开都河流域与阿克苏河流域地下水的δ^{18}O与δ^{2}H都没有显著的差异，表明两个流域的地下水具有相似的水循环过程。

8.2 主要创新点

对中国天山降水、地表水和地下水氢氧稳定同位素特征及其对水循环过程的指示意义进行了研究，主要创新点可以概括为以下几点。

（1）以水文年和事件尺度开展天山森林带和草原带降水同位素监测工作，扩展了对不同下垫面条件下降水同位素的分布格局的认识。基于混合单粒子拉格朗日积分轨迹模式（HYSPLIT）解析了中国天山降水水汽来源，发现内陆再循环水汽和黑海—里海蒸发水汽才是中国天山的主要外来降水水汽来源，而不是传统上认为的大西洋水汽和北冰洋水汽。基于同位素质量平衡模型定量估算了不同下垫面条件下，再循环水汽对降水的贡献，发现下垫面条件和海拔高度是影响中国天山再循环水汽比的主要因子。

（2）大规模开展了中国天山南、北坡典型流域地表水与地下水同位素监测工作，并建立了各流域地表水与地下水的蒸发线，扩展了对中国天山地表水与地下水同位素分布格局的认识。基于Froehlic模型模拟了不同气象条件下雨滴蒸发剩余比与降水d-excess的变化量，发现在中国天山山区，雨滴蒸发剩余比与降水d-excess变化量之间1‰/%的关系可以推广。基于Craig-Gordon模型与改进的Craig-Gordon模型模拟了蒸发对中国天山典型流域地表水与地下水同位素的影响，还原了蒸发水汽与蒸发前水体同位素组成。

（3）精细刻画了中国天山南、北坡典型流域的径流组分特征和时空变化，探究了冰冻圈对流域径流的贡献，发现流域冰川面积比或者积雪面积比越大，冰川或者积雪融水对径流的贡献越大，天山南坡的径流比北坡更加依赖于冰川融水的补给。弥补了天山地区缺乏多流域对比研究的不足，对全面了解天山径流变化与水循环特征具有重要意义。

8.3 不足与展望

（1）除了玛纳斯河流域，其他流域的河水样品的时间分辨率都很粗糙，这可能会漏掉一些细节信息。在以后的研究中，要增加信息采集的时间分辨率和空间分辨率。

（2）所有流域都只进行了一年的采样，时间过短，可能不能代表区域一般特征。在以后的研究中，要延长监测时间。

（3）遥感资料具有时间分辨率高，覆盖范围广的优点，如果充分利用遥感资料，有助于大尺度了解区域降水水汽同位素特征。本研究对现有的遥感资料应用较少，在以后的研究中，要充分利用已有的各种资料。

参考文献

陈亚宁，李稚，范煜婷，等，2014b. 西北干旱区气候变化对水文水资源影响研究进展[J]. 地理学报（9）：1 295-1 304.

陈亚宁，杨青，罗毅，等，2012. 西北干旱区水资源问题研究思考[J]. 干旱区地理（1）：1-9.

陈亚宁，2014. 中国西北干旱区水资源研究[M]. 北京：科学出版社.

顾慰祖，2011. 同位素水文学[M]. 北京，科学出版社.

吕玉香，胡伟，罗顺清，等，2010. 流量过程线划分的同位素和水文化学方法研究进展[J]. 水文，30（1）：7-13.

宋献方，柳鉴容，孙晓敏，等，2007. 基于CERN的中国大气降水同位素观测网络[J]. 地球科学进展，22（7）：738-747.

王圣杰，2015. 天山地区降水稳定氢氧同位素特征及其在水循环过程中的指示意义[D]. 兰州：西北师范大学.

卫克勤，林瑞芬，王志祥，1980. 我国天然水中氚含量的分布特征[J]. 科学通报（10）：467-470.

杨军，2011. 云降水物理学[M]. 北京：气象出版社.

姚檀栋，周行，杨晓新，2009. 印度季风水汽对青藏高原降水和河水中δ^{18}O高程递减率的影响[J]. 科学通报，54（15）：2 124-2 130.

余武生，田立德，马耀明，2006. 青藏高原降水中稳定氧同位素研究进展[J]. 地球科学进展，21（12）：1 314-1 323.

章申，于维新，张青莲，1973. 我国西藏南部珠穆朗玛峰地区冰雪中氘和重氧的分布[J]. 中国科学（4）：430-433.

郑淑慧，侯发高，倪葆龄，1983. 我国大气降水的氢氧稳定同位素研究[J]. 科学通报，28（13）：801-806.

Aggarwal P K，Araguásaraguás L J，Groening M，et al，2010. Global Hydrological Isotope Data and Data Networks[M]. Springer Netherlands.

An W，Hou S，Zhang Q，et al，2017. Enhanced Recent Local Moisture Recycling on the Northwestern Tibetan Plateau Deduced From Ice Core Deuterium Excess Records[J]. Journal of Geophysical Research-Atmospheres，122（23）：12 541-12 556.

Apaestegui J，Cruz F W，Vuille M，et al，2018. Precipitation changes over the eastern Bolivian Andes inferred from speleothem（delta O-18）records for the last 1400 years[J]. Earth and Planetary Science Letters，494：124−134.

Balagizi C M，Kasereka M M，Cuoco E，et al，2018. Influence of moisture source dynamics and weather patterns on stable isotopes ratios of precipitation in Central-Eastern Africa[J]. Science of the Total Environment，628-629：1 058−1 078.

Bam E K P，Ireson A M，2019. Quantifying the wetland water balance：A new isotope-based approach that includes precipitation and infiltration[J]，Journal of Hydrology，570：185−200.

Barnes S L，1968. An Empirical Shortcut to the Calculation of Temperature and Pressure at the Lifted Condensation Level[J]. Journal of Applied Meterology，7（3）：511−511.

Benettin P，Till H M，2018. Volkmann，Jana von Freyberg，Jay Frentress，Daniele Penna，Todd E. Dawson，and JamesW Kirchner. Effects of climatic seasonality on the isotopic composition of evaporating soil waters[J]. Hydrology and Earth System Sciences，22：2 881−2 890.

Berberan S M N，Bodunov E N，Pogliani L，1997. On the barometric formula[J]. American Journal of Physics，65（5）：404−412.

Beven K J，2001. Rainfall-Runoff Modelling-The Primer[M]. New York.

Biggs T W，Lai C T，Chandan P，et al，2015. Evaporative fractions and elevation effects on stable isotopes of high elevation lakes and streams in arid western Himalaya[J]. Journal of Hydrology，522：239−249.

Bolch T，2017. Hydrology：Asian glaciers are a reliable water source[J]. Nature，545（7 653）：161−162.

Bonne J L，Masson-Delmotte V，Cattani O，et al，2014. The isotopic composition of water vapour and precipitation in Ivittuut，southern Greenland[J]. Atmospheric Chemistry and Physics，14（9）：4 419−4 439.

Bowen G J，Putman A，Brooks J R，et al，2018. Inferring the source of evaporated waters using stable H and O isotopes[J]. Oecologia，187（4）：1 025−1 039.

Braud I，Biron P，Bariac T，et al，2009. Isotopic composition of bare soil evaporated water vapor. Part I：RUBIC IV experimental setup and results[J]. Journal of Hydrology，369（1−2）：1−16.

Bravo C，Loriaux T，Rivera A，et al，2017. Assessing glacier melt contribution to streamflow at Universidad Glacier，central Andes of Chile[J]. Hydrology and Earth System Sciences，21（7）：3 249−3 266.

Breitenbach S F M，Adkins J F，Meyer H，et al，2010. Strong influence of water vapor source dynamics on stable isotopes in precipitation observed in Southern Meghalaya，NE India[J]. Earth and Planetary Science Letters，292（1−2）：212−220.

Buttle J M，1994. Isotope hydrograph separations and rapid delivery of pre-event water from drainage basins[J]. Progress in Physical Geography, 18（1）: 16–41.

Cappa C D, Hendricks M B, DePaolo D J, et al, 2003. Isotopic fractionation of water during evaporation[J]. Journal of Geophysical Research, 108: 4 525–4 534.

Chen H Y, Chen Y N, Li W H, et al, 2018. Identifying evaporation fractionation and streamflow components based on stable isotopes in the Kaidu River Basin with mountain-oasis system in north-west China[J]. Hydrological Processes, 32（15）: 2 423–2 434.

Chen H Y, Chen Y N, Li W H, et al, 2019. Quantifying the contributions of snow/glacier meltwater to river runoffs in the Tianshan Mountains, Central Asia[J]. Global and Planetary Change, 174: 47–57.

Chen Y, Li W, Fang G, et al, 2017. Review article: Hydrological modeling in glacierized catchments of central Asia-status and challenges[J]. Hydrology and Earth System Sciences, 21（2）: 669–684.

Chen Y N, Li W H, Deng H J, et al, 2016. Changes in Central Asia's Water Tower: Past, Present and Future[J]. Scientific Reports, 6: 35 458.

Christophefsen N, Hooper R P, 1992. Multivariate analysis of stream water chemical data: the use of principal components analysis for the end-member mixing problem[J]. Water Resources Research, 28: 99–107.

Clark I D, Fritz P, 1997. Environmental Isotopes in Hydrogeology[M]. Lewis Publishers, Boca Raton.

Craig H, Gordon L, 1965. Deuterium and oxygen 18 variations in the ocean and the marine atmosphere. In: Tongiorgi E. Stable Isotopes in oceanographic Studies and Paleotemperatures[M]. Pisa, Italy: CNR-Laboratorio di Geologia Nucleare. 9–130.

Craig H, Gordon L I, 1965. Deuterium and oxygen 18 variation in the ocean and the marine atmosphere. Stable Isotopes in oceanographic Studies and Paleotemperatures[M]. Springer US. 277–374.

Craig H, 1961a. Isotopic variations in meteoric waters[J]. Science, 133（346）: 1 702–1 702.

Craig H, 1961b. Standard for reporting concentrations of deuterium and oxygen-18 in nature waters[J]. Science, 133（346）: 1 833–1 834.

Crawford J, Hughes C E, Lykoudis S, 2014. Alternative least squares methods for determining the meteoric water line, demonstrated using GNIP data[J]. Journal of Hydrology, 519: 2 331–2 340.

Crawford J, Hughes C E, Parkes S D, 2013. Is the isotopic composition of event based precipitation driven by moisture source or synoptic scale weather in the Sydney Basin, Australia[J]. Journal of Hydrology, 507: 213–226.

Criss R E, 1999. Principles of Stable Isotope Distribution[M]. New York, USA, Oxford University.

Cui B L, Li X Y, 2015. Stable isotopes reveal sources of precipitation in the Qinghai Lake

Basin of the northeastern Tibetan Plateau[J]. Science of the Total Environment，527：26-37.

Dai X G，Li W J，Ma Z G，et al，2007. Water-vapor source shift of Xinjiang region during the recent twenty years[J]. Progress in Natural Science，17（5）：569-575.

Dansgaard W，1953. The abundance of O^{18} in atmospheric water and water vapour[J]. Tellus，5：461-469.

Dansgaard W，1964. Stable isotopes in precipitation[J]. Tellus，16（4）：436-468.

Davis P，Syme J，Heikoop J，et al，2015. Quantifying uncertainty in stable isotope mixing models[J]. Journal of Geophysical Research-Biogeosciences，120（5）：903-923.

Delsman J R，Oude E G H P，Beven K J，et al，2013. Uncertainty estimation of end-member mixing using generalized likelihood uncertainty estimation（GLUE），applied in a lowland catchment[J]. Water Resources Research，49（8）：4 792-4 806.

Diamond R E，Jack S，2018. Evaporation and abstraction determined from stable isotopes during normal flow on the Gariep River，South Africav[J]. Journal of Hydrology，559：569-584.

Divine D V，Sjolte J，Isaksson E，2011. Modelling the regional climate and isotopic composition of Svalbard precipitation using REMOiso：A comparison with available GNIP and ice core data[J]. Hydrological Processes，25（24）：3 748-3 759.

Dogramaci S，Skrzypek G，Dodson W，et al，2012. Stable isotope and hydrochemical evolution of groundwater in the semi-arid Hamersley Basin of subtropical northwest Australia[J]. Journal of Hydrology，475：281-293.

Draxier R R，Hess G D，1998. An overview of the HYSPLIT_4 modelling system for trajectories，dispersion and deposition[J]. Australian Meteorological Magazine，47（4）：295-308.

Dubbert M，Cuntz M，Piayda A，et al，2013. Partitioning evapotranspiration-Testing the Craig and Gordon model with field measurements of oxygen isotope ratios of evaporative fluxes[J]. Journal of Hydrology，496：142-153.

Earman S，Campbell A R，Phillips F M，et al，2006. Isotopic exchange between snow and atmospheric water vapor：Estimation of the snowmelt component of groundwater recharge in the southwestern United States[J]. Journal of Geophysical Research-Atmospheres，111：D09302.

Eriksson E，1963. Atmospheric tritium as a tool for the study of certain hydrologic aspects of river basins[J]. Tellus，15（3）：303-308.

Evaristo J，Jasechko S，McDonnell J J，2015. Global separation of plant transpiration from groundwater and streamflow[J]. Nature，525（7 567）：91-94.

Fan Y，Chen Y，He Q，et al，2016. Isotopic Characterization of River Waters and Water Source Identification in an Inland River，Central Asia[J]. Water，8（7）：716-722.

Fang G，Yang J，Chen Y，et al，2018. How Hydrologic Processes Differ Spatially in a

Large Basin：Multisite and Multiobjective Modeling in the Tarim River Basin[J]. Journal of Geophysical Research-Atmospheres，123（14）：7 098–7 113.

Farinotti D，Longuevergne L，Moholdt G，et al，2015. Substantial glacier mass loss in the Tien Shan over the past 50 years[J]. Nature Geoscience，8（9）：716–722.

Feng F，Li Z，Zhang M，et al，2013. Deuterium and oxygen 18 in precipitation and atmospheric moisture in the upper Urumqi River Basin，eastern Tianshan Mountains[J]. Environmental Earth Sciences，68（4）：1 199–1 209.

Feng F，2012. Hydrochemical and Stable Isotope Characteristics in the Upper Urumqi River Basin and Their Environmrntal Significance doctorate[D]. Chinese Academy of Sciences.

Fischer B M C，van Meerveld H J，Seibert J，2017. Spatial variability in the isotopic composition of rainfall in a small headwater catchment and its effect on hydrograph separation[J]. Journal of Hydrology，547：755–769.

Froehlich K，Kralik M，Papesch W，et al，2008. Deuterium excess in precipitation of Alpine regions-moisture recycling[J]. Isotopes in Environmental and Health Studies，44（1）：61–70.

Gaj M，Beyer M，Koeniger P，et al，2016. In situ unsaturated zone water stable isotope（H-2 and O-18）measurements in semi-arid environments：a soil water balance[J]. Hydrology and Earth System Sciences，20（2）：715–731.

Gao J，Risi C，Masson-Delmotte V，et al，2015. Southern Tibetan Plateau ice core δ^{18}O reflects abrupt shifts in atmospheric circulation in the late 1970s[J]. Climate Dynamics，46（1–2）：291–302.

Gao J，Yao T，Valérie M D，et al，2019. Collapsing glaciers threaten Asia’s water supplies[J]. Nature，565（7 731）：19–21.

Gat J R，Bowser C J，Kendall C，1994. The contribution of evaporation from the Great Lakes to the continental atmosphere：Estimate based on stable isotope data[J]. Geophysical Research Letters，21（7）：557–560.

Gat J R，Mook W G，Meijer H A J，2001. Valume II. Atmospheric water. In：Mook WG. Environmental isotopes in the hydrological cycle，Principles and Applications[M]. UNESCO and Paris，Vienna，IAEA.

Gat J R，1996. Oxygen and hydrogen isotopes in the hydrologic cycle[C]. Annual Review of Earth and Planetary Sciences，24：225–262.

Gazquez F，Morellon M，Bauska T，et al，2018. Triple oxygen and hydrogen isotopes of gypsum hydration water for quantitative paleo-humidity reconstruction[J]. Earth and Planetary Science Letters，481：177–188.

Genereux D，1998. Quantifying uncertainty in tracer-based hydrograph separations[J]. Water Resources Research，34（4）：915–919.

Gibson J J，Reid R，2014. Water balance along a chain of tundra lakes：A 20-year isotopic perspective[J]. Journal of Hydrology，519：2 148–2 164.

Gilfillan E S，1934. The Isotopic Composition of Sea Water[J]. Journal of the American Chemical Society，56（2）：406–408.

Gimeno L，Stohl A，Trigo R M，2012. Oceanic and terrestrial sources of continental precipitation[J]. Reviews of Geophysics，50：RG4003.

Gonfiantini R，Roche M A，Olivry J C，et al，2001. The altitude effect on the isotopic composition of tropical rains[J]. Chemical Geology，181（1–4）：147–167.

Gonfiantini R，Wassenaar L I，Araguas-Araguas L，et al，2018. A unified Craig-Gordon isotope model of stable hydrogen and oxygen isotope fractionation during fresh or saltwater evaporation[J]. Geochimica Et Cosmochimica Acta，235：224–236.

Gonfiantini R，1986. Environmental isotopes in lake studies[A]. In：Fritz P，Fontes JC. Handbook of Environmental Isotope Geochemistry（The Terrestrial Environment，B）[M]. Amsterdam，Holland：Elsevier. 113–168.

Guo X Y，Feng Q，Liu W，et al，2015. Stable isotopic and geochemical identification of groundwater evolution and recharge sources in the arid Shule River Basin of Northwestern China[J]. Hydrological Processes，29（22）：4 703–4 718.

Guo X Y，Tian L D，Wen R，et al，2017. Controls of precipitation delta O-18 on the northwestern Tibetan Plateau：A case study at Ngari station[J]. Atmospheric Research，189：141–151.

Halder J，Terzer S，Wassenaar L I，et al，2015. The Global Network of Isotopes in Rivers（GNIR）：integration of water isotopes in watershed observation and riverine research[J]. Hydrology and Earth System Sciences，19（8）：3 419–3 431.

He Y，Risi C，Gao J，et al，2015. Impact of atmospheric convection on south Tibet summer precipitation isotopologue composition using a combination of in situ measurements，satellite data，and atmospheric general circulation modeling[J]. Journal of Geophysical Research-Atmospheres，120（9）：3 852–3 871.

Henderson-Sellers A，Fischer M，Aleinov I，et al，2006. Stable water isotope simulation by current land-surface schemes：Results of iPILPS Phase 1[J]. Global and Planetary Change，51（1–2）：34–58.

Herczeg A L，Leaney F W，2011. Review：Environmental tracers in arid-zone hydrology[J]. Hydrogeology Journal，19（1）：17–29.

Hermann A，Martinec J，Stichler W，1978. Study of snowmelt-runoff components using isotope measurements. In：Colbeck，S.C.，Ray，M.（Eds.），Modeling of Snow Cover Runoff[M]. U.S. Army Cold Regions Research and Engineering Laboratory，Hanover，NH.

Horita J，Wesolowski D J，1994. Liquid-vapor fractionation of oxygen and hydrogen isotopes of water from the freezing to the critical-temperature[J]. Geochimica Et Cosmochimica Acta，58（16）：3 425–3 437.

Horita J，2005. Saline waters. In：Aggarwal PK，Gat JR，Froehlich KFO. Isotopes in the Water Cycle[M]. Vienna，IAEA：271–287.

Hu Y D，Liu Z H，Zhao M，et al，2018. Using deuterium excess，precipitation and runoff data to determine evaporation and transpiration：A case study from the Shawan Test Site，Puding，Guizhou，China[J]. Geochimica Et Cosmochimica Acta，242：21-33.

Huang T，Pang Z，2010. Changes in groundwater induced by water diversion in the Lower Tarim River，Xinjiang Uygur，NW China：Evidence from environmental isotopes and water chemistry[J]. Journal of Hydrology，387（3-4）：188-201.

Hubert P，Marin E，Meybeck M，et al，1969. Hydrological，geochemical and sedimentological aspects of exceptional growth of dranse in chablais on 22 september 1968.[J]. Archives Des Sciences，22（3）：581.

Hugenschmidt C，Ingwersen J，Sangchan W，et al，2014. A three-component hydrograph separation based on geochemical tracers in a tropical mountainous headwater catchment in northern Thailand[J]. Hydrology and Earth System Sciences，18（2）：525-537.

Immerzeel W W，Bierkens M F P，2012. Asia's water balance. Nature Geoscience[J]. 5（12）：841-842.

Intergovernmental Panel on Climate Change（IPCC），2013. Working Group I Contribution to the IPCC Fifth Assessment Report，Climate Change：The Physical Science Basis：Summary for Policymakers[R].

International Atomic Energy Agency（IAEA），1990. Environmental Isotope Data II：World Survey of Isotope Concentration in Precipitation（1964—1965）[M]// Environmental isotope data：world survey of isotope concentration in precipitation. International Atomic Energy Agency.

Jeelani G，Deshpande R D，Galkowski M，et al，2018. Isotopic composition of daily precipitation along the southern foothills of the Himalayas：impact of marine and continental sources of atmospheric moisture[J]. Atmospheric Chemistry and Physics，18（12）：8 789-8 805.

Jin S，Tian X，Feng G，2016. Recent glacier changes in the Tien Shan observed by satellite gravity measurements[J]. Global and Planetary Change，143：81-87.

Joerin C，Beven K J，Iorgulescu I，et al，2002. Uncertainty in hydrograph separations based on geochemical mixing models[J]. Journal of Hydrology，255（1-4）：90-106.

Jouzel J，Lorius C，Petit J R，1987. Vostok ice core：A continuous isotope temperature record over the last climatic cycle（160 000 years）[J]. Nature，329：403-407.

Kendall C，McDonnell J J，1998. Isotope Tracers in Catchment Hydrology[M]. Amsterdam，Elsevier.

Khadka D，Babel M S，Shrestha S，et al，2014. Climate change impact on glacier and snow melt and runoff in Tamakoshi basin in the Hindu Kush Himalayan（HKH）region[J]. Journal of Hydrology，511：49-60.

Kim K，Lee X，2011. Isotopic enrichment of liquid water during evaporation from water surfaces[J]. Journal of Hydrology，399（3-4）：364-375.

Kinzer G D，Gunn R，1951. The evaporation，temperature and thermal relaxation-time of freely falling waterdrops[J]. Journal of Meteorology，8（2）：71–83.

Klaus J，McDonnell J J，2013. Hydrograph separation using stable isotopes：Review and evaluation[J]. Journal of Hydrology，505：47–64.

Klaus J，Chun K P，McGuire K J，et al，2015. Temporal dynamics of catchment transit times from stable isotope data[J]. Water Resources Research，51（6）：4 208–4 223.

Kleist D T，Parrish D F，Derber J C，et al，2009. Introduction of the GSI into the NCEP Global Data Assimilation System[J]. Weather and Forecasting，24（6）：1 691–1 705.

Kong Y，Pang Z，Froehlich K，2013. Quantifying recycled moisture fraction in precipitation of an arid region using deuterium excess[J]. Tellus Series B-Chemical and Physical Meteorology，65：19 251.

Kong Y L，Pang Z H，2016. A positive altitude gradient of isotopes in the precipitation over the Tianshan Mountains：Effects of moisture recycling and sub-cloud evaporation[J]. Journal of Hydrology，542：222–230.

Kong Y L，Pang Z H，2012. Evaluating the sensitivity of glacier rivers to climate change based on hydrograph separation of discharge[J]. Journal of Hydrology，434：121–129.

Kraaijenbrink P D A，Bierkens M F P，Lutz A F，et al，2017. Impact of a global temperature rise of 1.5 degrees Celsius on Asia’s glaciers[J]. Nature，549：257–60.

Krklec K，Dominguez-Villar D，2014. Quantification of the impact of moisture source regions on the oxygen isotope composition of precipitation over Eagle Cave，central Spain[J]. Geochimica Et Cosmochimica Acta，134：39–54.

Krklec K，Dominguez-Villar D，Lojen S，2018. The impact of moisture sources on the oxygen isotope composition of precipitation at a continental site in central Europe[J]. Journal of Hydrology，561：810–821.

Li D，Wrzesien M L，Durand M，et al，2017. How much runoff originates as snow in the western United States，and how will that change in the future? [J]. Geophysical Research Letters，44（12）：6 163–6 172.

Li Z Q，Gao W H，Zhang M J，et al，2012. Variations in suspended and dissolved matter fluxes from glacial and non-glacial catchments during a melt season at Urumqi River，eastern Tianshan，central Asia[J]. Catena，95：42–49.

Li Z X，Qi F，Wang Q J，et al，2016a. Contributions of local terrestrial evaporation and transpiration to precipitation using delta O-18 and D-excess as a proxy in Shiyang inland river basin in China[J]. Global and Planetary Change，146：140–151.

Li Z X，Qi F，Wang Q J，et al，2016b. The influence from the shrinking cryosphere and strengthening evopotranspiration on hydrologic process in a cold basin，Qilian Mountains[J]. Global and Planetary Change，144：119–128.

Linsley K，Köhler M，1958. Hydrology for Engineers[M]. McGraw Hill，London.

Liu F J，Williams M W，Caine N，2004. Source waters and flow paths in an alpine catchment, Colorado Front Range, United States[J]. Water Resources Research, 40（9）: 101–102.

Liu J, Song X, Sun X, et al, 2009. Isotopic composition of precipitation over Arid Northwestern China and its implications for the water vapor origin[J]. Journal of Geographical Sciences, 19（2）: 164–174.

Liu J R, Song X F, Yuan G F, et al, 2014. Stable isotopic compositions of precipitation in China[J]. Tellus Series B-Chemical and Physical Meteorology, 66（66）: 39–44.

Liu X, Rao Z, Zhang X, et al, 2015. Variations in the oxygen isotopic composition of precipitation in the Tianshan Mountains region and their significance for the Westerly circulation[J]. Journal of Geographical Sciences, 25（7）: 801–816.

Lutz A F, Immerzeel W W, Shrestha A B, et al, 2014. Consistent increase in High Asia's runoff due to increasing glacier melt and precipitation[J]. Nature Climate Change, 4（7）: 587–592.

Majoube M, 1971. Fractionation in O^{18} between ice and water vapor[J]. Journal De Chimie Physique Et De Physico-Chimie Biologique, 68（4）: 625–636.

McGuire K J, McDonnell J J, 2015. Tracer advances in catchment hydrology[J]. Hydrological Processes, 29（25）: 5 135–5 138.

Merlivat L, 1978. Molecular diffusivities of $H2^{16}O$, $HD^{16}O$, and $H2^{18}O$ in gases[J]. Journal of Chemical Physics, 69（6）: 2 864–2 871.

Merlivat L, 1970. Quantitative aspects of the study of water balances in lakes using the deuterium and oxygen-18 concentrations in the water（L'étude quantitative de bilans de lacs à l'aide des concentrations en deuterium et oxygen-18 dans l'eau）[A]. In: Isotope Hydrology 1970, Proceedings of a Symposium[C]. Vienna, Austria: IAEA（International Atomic Energy Agency）: 89–107.

Mohammed A M, Krishnamurthy R V, Kehew A E, et al, 2016. Factors affecting the stable isotopes ratios in groundwater impacted by intense agricultural practices: A case study from the Nile Valley of Egypt[J]. Science of the Total Environment, 573: 707–715.

Moore R D, 1989. Tracing runoff sources with deuterium and oxygen-18 during spring melt in a headwater catchment, southern Laurentians, Quebec[J]. Journal of Hydrology, 112（1–2）: 135–148.

Moreira M Z, Sternberg L D L, Martinelli L A, et al, 1997. Contribution of transpiration to forest ambient vapour based on isotopic measurements[J]. Global Change Biology, 3（5）: 439–450.

Murad A A, Krishnamurthy R V, 2008. Factors controlling stable oxygen, hydrogen and carbon isotope ratios in regional groundwater of the United Arab Emirates（UAE）[J]. Hydrological Processes, 22（12）: 1 922–1 931.

Pang Z, Kong Y, Froehlich K, et al, 2011. Processes affecting isotopes in precipitation of an arid region[J]. Tellus Series B-Chemical and Physical Meteorology, 63（3）: 352–359.

Penna D, Engel M, Bertoldi G, et al, 2017. Towards a tracer-based conceptualization of meltwater dynamics and streamflow response in a glacierized catchment[J]. Hydrology and Earth System Sciences, 21（1）: 23−41.

Pfahl S, Sodemann H, 2014. What controls deuterium excess in global precipitation[J]. Climate of the Past, 10（2）: 771−781.

Pinder G, Jones J, 1969. Determination of the ground-water component of peak discharge from the chemistry of total runoff[J]. Water Resource Research, 5（2）: 438−445.

Prada S, Virgilio Cruz J, Figueira C, 2016. Using stable isotopes to characterize groundwater recharge sources in the volcanic island of Madeira[J]. Portugal. Journal of Hydrology, 536: 409−425.

Pritchard H D, 2017. Asia's glaciers are a regionally important buffer against drought[J]. Nature, 545: 169−174.

Pruppacher H R, Klett J D, 1997. Microphysics of Clouds and Precipitation. 2nd ed[M]. Kluwer Acad, Norwell Mass.

Pu T, Qin D H, Kang S C, et al, 2017. Water isotopes and hydrograph separation in different glacial catchments in the southeast margin of the Tibetan Plateau[J]. Hydrological Processes, 31（22）: 3 810−3 826.

Quincey D, Klaar M, Haines D, et al, 2018. The changing water cycle: the need for an integrated assessment of the resilience to changes in water supply in High-Mountain Asia[J]. Wiley Interdisciplinary Reviews-Water, 5（1）: e1258.

Rai SP, Purushothaman P, Kumar B, et al, 2014. Stable isotopic composition of precipitation in the River Bhagirathi Basin and identification of source vapour[J]. Environmental Earth Sciences, 71（11）: 4 835−4 847.

Rice K C, Hornberger G M, 1998. Comparison of hydrochemical tracers to estimate source contributions to peak flow in a small, forested, headwater catchment[J]. Water Resour. Res, 34（7）: 1 755−1 766.

Rodgers P, Soulsby C, Waldron S, et al, 2005. Using stable isotope tracers to assess hydrological flow paths, residence times and landscape influences in a nested mesoscale catchment[J]. Hydrology and Earth System Sciences, 9（3）: 139−155.

Rozanski K, Araguasaraguas L, Gonfiantini R, 1993. Isotopic patterns in modern global precipitation[M]// Climate Change in Continental Isotopic Records. American Geophysical Union.

Rozanski K, Froehlich K, Mook W G, 2002. Environmental isotopes in the hydrological cycle: principles and applications. Volume 3: surface water[M]. IAEA.

Salamalikis V, Argiriou A A, Dotsika E, 2016. Isotopic modeling of the sub-cloud evaporation effect in precipitation[J]. Science of the Total Environment, 544: 1 059−1 072.

Schlesinger H, Jasechko S, 2014. Transpiration in the global water cycle[J]. Agricultural and Forest Meteorology, 189: 115−117.

Schmieder J, Hanzer F, Marke T, et al, 2016. The importance of snowmelt spatiotemporal variability for isotope-based hydrograph separation in a high-elevation catchment[J]. Hydrology and Earth System Sciences, 20（12）: 5 015–5 033.

Seeger S, Weiler M, 2014. Reevaluation of transit time distributions, mean transit times and their relation to catchment topography[J]. Hydrology and Earth System Sciences, 18（12）: 4 751–4 771.

Sengupta S, Sarkar A, 2006. Stable isotope evidence of dual（Arabian Sea and Bay of Bengal）vapour sources in monsoonal precipitation over north India[J]. Earth and Planetary Science Letters, 250（3–4）: 511–521.

Shrestha M, Koike T, Hirabayashi Y, et al, 2015. Integrated simulation of snow and glacier melt in water and energy balance-based, distributed hydrological modeling framework at Hunza River Basin of Pakistan Karakoram region[J]. Journal of Geophysical Research-Atmospheres, 120（10）: 4 889–4 919.

Skrzypek G, Mydlowski A, Dogramaci S, et al, 2015. Estimation of evaporative loss based on the stable isotope composition of water using Hydrocalculator[J]. Journal of Hydrology, 523: 781–789.

Sodemann H, Schwierz C, Wernli H, 2008. Interannual variability of Greenland winter precipitation sources: Lagrangian moisture diagnostic and North Atlantic Oscillation influence[J]. Journal of Geophysical Research-Atmospheres, 113: D03107.

Sokratov S A, Golubev V N, 2009. Snow isotopic content change by sublimation[J]. Journal of Glaciology, 55（193）: 823–828.

Sorg A, Bolch T, Stoffel M, et al, 2012. Climate change impacts on glaciers and runoff in Tien Shan（Central Asia）[J]. Nature Climate Change, 2（10）: 725–731.

Soulsby C, Petry J, Brewer M J, 2003. Identifying and assessing uncertainty in hydrological pathways: a novel approach to end member mixing in a Scottish agricultural catchment[J]. Journal of Hydrology, 274: 109–128.

Stewart M K, 1975. Stable isotope fractionation due to evaporation and isotopic exchange of falling water drops: Applications to atmospheric processes and evaporation of lakes[J]. Journal of Geophysical Research, 80（9）: 1 133–1 146.

Suarez V V C, Okello A, Wenninger J W, et al, 2015. Understanding runoff processes in a semi-arid environment through isotope and hydrochemical hydrograph separations[J]. Hydrology and Earth System Sciences, 19（10）: 4 183–4 199.

Sun C, Chen Y, Li X, et al, 2016a. Analysis on the streamflow components of the typical inland river, Northwest China[J]. Hydrological Sciences Journal-Journal Des Sciences Hydrologiques, 61（5）: 970–981.

Sun C, Li X, Chen Y, et al, 2016b. Spatial and temporal characteristics of stable isotopes in the Tarim River Basin[J]. Isotopes in environmental and health studies, 52（3）: 281–297.

Sun C, Yang J, Chen Y, et al, 2016c. Comparative study of streamflow components in two inland rivers in the Tianshan Mountains, Northwest China[J]. Environmental Earth Sciences, 75（9）: 727.

Sun C J, Chen Y, Li W, et al, 2015a. Isotopic time-series partitioning of streamflow components under regional climate change in the Urumqi River, northwest China[J]. Hydrological Sciences Journal, 61（8）: 1 443–1 459.

Sun C J, Li W H, Chen Y N, et al, 2015b. Isotopic and hydrochemical composition of runoff in the Urumqi River, Tianshan Mountains, China[J]. Environmental Earth Sciences, 74（2）: 1 521–1 537.

Tang Y, Pang H, Zhang W, et al, 2015c. Effects of changes in moisture source and the upstream rainout on stable isotopes in precipitation-a case study in Nanjing, eastern China[J]. Hydrology and Earth System Sciences, 19（10）: 4 293–4 306.

Tang Y, Song X, Zhang Y, et al, 2017b. Using stable isotopes to understand seasonal and interannual dynamics in moisture sources and atmospheric circulation in precipitation[J]. Hydrological Processes, 31（26）: 4 682–4 692.

Tang Z, Wang X, Wang J, et al, 2017a. Spatiotemporal Variation of Snow Cover in Tianshan Mountains, Central Asia, Based on Cloud-Free MODIS Fractional Snow Cover Product, 2001-2015[J]. Remote Sensing, 9（10）: 1 045.

Tekleab S, Wenninger J, Uhlenbrook S, 2014. Characterisation of stable isotopes to identify residence times and runoff components in two meso-scale catchments in the Abay/Upper Blue Nile basin, Ethiopia[J]. Hydrology and Earth System Sciences, 18（6）: 2 415–2 431.

Telmer K, Veizer J, 2000. Isotopic constraints on the transpiration, evaporation, energy, and gross primary production budgets of a large boreal watershed: Ottawa River Basin, Canada, Global Biogeochem[J]. Global Biogeochemical Cycles, 14: 149–165.

Thurai M, Szakall M, Bringi V N, et al, 2009. Drop Shapes and Axis Ratio Distributions: Comparison between 2D Video Disdrometer and Wind-Tunnel Measurements[J]. Journal of Atmospheric and Oceanic Technology, 26（7）: 1 427–1 432.

Tian L, Yao T, MacClune K, et al, 2007. Stable isotopic variations in west China: A consideration of moisture sources[J]. Journal of Geophysical Research-Atmospheres, 112: D10112

Tipler P A, 1994. Physik. Lehrbuch, Spektrum der Wissenschaften. Spektrum Akademischer Verlag: Heidelberg[M]. Germany.

Tsujimura M, Sasaki L, Yamanaka T, et al, 2007. Vertical distribution of stable isotopic composition in atmospheric water vapor and subsurface water in grassland and forest sites, eastern Mongolia[J]. Journal of Hydrology, 333（1）: 35–46.

Uemura R, Matsui Y, Yoshimura K, 2008. Evidence of deuterium excess in water vapor as an indicator of ocean surface conditions[J]. Journal of Geophysical Research, 113（D19）: D19114.

Uhlenbrook S, Hoeg S, 2003. Quantifying uncertainties in tracer-based hydrograph separations: a case study for two-, three-and five-component hydrograph separations in a mountainous catchment[J]. Hydrological Processes, 17（2）: 431–453.

Van der Ent R J, Savenije H H G, Schaefli B, et al, 2010. Origin and fate of atmospheric moisture over continents[J]. Water Resources Research, 46: WO9525.

Van der Ent R J, Wang-Erlandsson L, Keys P W, et al, 2014. Contrasting roles of interception and transpiration in the hydrological cycle-Part 2: Moisture recycling[J]. Earth System Dynamics, 5（2）: 471–489.

Wang S, Zhang M, Hughes C E, et al, 2018. Meteoric water lines in arid Central Asia using event-based and monthly data[J]. Journal of Hydrology, 562: 435–445.

Wang S J, Zhang M J, Che Y J, et al, 2016b. Contribution of recycled moisture to precipitation in oases of arid central Asia: A stable isotope approach[J]. Water Resources Research, 52（4）: 3 246–3 257.

Wang S J, Zhang M J, Che Y J, et al, 2016c. Influence of Below-Cloud Evaporation on Deuterium Excess in Precipitation of Arid Central Asia and Its Meteorological Controls[J]. Journal of Hydrometeorology, 17（7）: 1 973–1 984.

Wang S J, Zhang M J, Chen F L, et al, 2015. Comparison of GCM-simulated isotopic compositions of precipitation in arid central Asia[J]. Journal of Geographical Sciences, 25（7）: 771–783.

Wang S J, Zhang M J, Crawford J, et al, 2017. The effect of moisture source and synoptic conditions on precipitation isotopes in arid central Asia[J]. Journal of Geophysical Research-Atmospheres, 122（5）: 2 667–2 682.

Wang S J, Zhang M J, Hughes C E, et al, 2016a. Factors controlling stable isotope composition of precipitation in arid conditions: an observation network in the Tianshan Mountains, central Asia[J]. Tellus Series B-Chemical and Physical Meteorology, 68: 26 206.

Wang S J, Zhang M J, Pepin N C, et al, 2014. Recent changes in freezing level heights in High Asia and their impact on glacier changes[J]. Journal of Geophysical Research-Atmospheres, 119（4）: 1 753–1 765.

Wang X, Li Z, Ross E, et al, 2015b. Characteristics of water isotopes and hydrograph separation during the spring flood period in Yushugou River basin, Eastern Tianshans, China[J]. Journal of Earth System Science, 124（1）: 115–124.

Wang Y, Chen Y, Li W, 2014b. Temporal and spatial variation of water stable isotopes（O-18 and H-2）in the Kaidu River basin, Northwestern China[J]. Hydrological Processes, 28（3）: 653–661.

Watanabe O, Xiaoling W, Ikegami K, et al, 1983. Oxygen isotope characteristics of glaciers in the Eastern Tian Shan[J]. Journal of Glaciology and Geocryology, 5（3）: 101–102.

Wei H, Chang S Q, Xie C L, et al, 2017. Moisture sources of extreme summer precipitation events in North Xinjiang and their relationship with atmospheric circulation[J]. Advances in

Climate Change Research, 8（1）: 12–17.

Wei Z, Lee X, Liu Z, et al, 2018. Influences of large-scale convection and moisture source on monthly precipitation isotope ratios observed in Thailand, Southeast Asia[J]. Earth and Planetary Science Letters, 488: 181–192.

Wels C, Cornett R J, Lazerte B D, 1991. Hydrograph separation: a comparison of geochemical and isotopic tracers[J]. Journal of Hydrology, 122（1–4）: 253–274.

Weynell M, Wiechert U, Zhang C J, 2016. Chemical and isotopic（O, H, C）composition of surface waters in the catchment of Lake Donggi Cona（NW China）and implications for paleoenvironmental reconstructions[J]. Chemical Geology, 435: 92–107.

Winschall A, Pfahl S, Sodemann H, 2014. Comparison of Eulerian and Lagrangian moisture source diagnostics-The flood event in eastern Europe in May 2010[J]. Atmospheric Chemistry and Physics, 14（13）: 6 605–6 619.

Wulf H, Bookhagen B, Scherler D, 2016. Differentiating between rain, snow, and glacier contributions to river discharge in the western Himalaya using remote-sensing data and distributed hydrological modeling[J]. Advances in Water Resources, 88: 152–169.

Xu M, Kang S C, Wu H, et al, 2018. Detection of spatio-temporal variability of air temperature and precipitation based on long-term meteorological station observations over Tianshan Mountains, Central Asia[J]. Atmospheric Research, 203: 141–163.

Yagi T, 2016. Geochemistry: Hydrogen and oxygen in the deep Earth[J]. Nature, 534（7 606）: 183–184.

Yakir D, Sternberg L D L, 2000. The use of stable isotopes to study ecosystem gas exchange[J]. Oecologia, 123（3）: 297–311.

Yamanaka T, Shimizu R, 2007. Spatial distribution of deuterium in atmospheric water vapor: Diagnosing sources and the mixing of atmospheric moisture[J]. Geochimica et Cosmochimica Acta, 71（13）: 3 162–3 169.

Yamanaka T, Shimada J, Miyaoka K, 2002. Footprint analysis using event-based isotope data for identifying source area of precipitated water[J]. Journal of Geophysical Research, 159 107（D22）: D224624.

Yamanaka T, Tsujimura M, Oyunbaatar D, et al, 2007. Isotopic variation of precipitation over eastern Mongolia and its implication for the atmospheric water cycle[J]. Journal of Hydrology, 333（1）: 21–34.

Yao T D, Masson V, Jouzel J, et al, 1999. Relationships between delta O-18 in precipitation and surface air temperature in the Urumqi River Basin, east Tianshan Mountains, China[J]. Geophysical Research Letters, 26（23）: 3 473–3 476.

Yao T D, Masson-Delmotte V, Gao J, 2013. A review of climatic controls on δ^{18}O in precipitation over the Tibetan Plateau: Observations and simulations[J]. Reviews of Geophysics, 51（4）: 525–548.

Yapp C J, 1982. A model for the relationships between precipitation D/H ratios and precipitation intenisity[J]. Journal of Geophysical Research-oceans，87：9 614–9 620.

Yi S，Wang Q Y，Chang L，et al，2016. Changes in Mountain Glaciers，Lake Levels，and Snow Coverage in the Tianshan Monitored by GRACE，ICESat，Altimetry，and MODIS[J]. Remote Sensing，8（10）：798.

Yin Z，Feng Q，Liu S，et al，2017. The Spatial and Temporal Contribution of Glacier Runoff to Watershed Discharge in the Yarkant River Basin，Northwest China[J]. Water，9（3）：159.

Zhang D，Cong Z，Ni G，et al，2015b. Effects of snow ratio on annual runoff within the Budyko framework[J]. Hydrology and Earth System Sciences，12（1）：1 977–1 992.

Zhang R，Jiang D，Zhang Z，et al，2017a. Comparison of the climate effects of surface uplifts from the northern Tibetan Plateau，the Tianshan，and the Mongolian Plateau on the East Asian climate[J]. Journal of Geophysical Research-Atmospheres，122（15）：7 949–7 970.

Zhang W G，Meng J Y，Liu B，et al，2017b. Sources of monsoon precipitation and dew assessed in a semiarid area via stable isotopes[J]. Hydrological Processes，31（11）：1 990–1 999.

Zhang Y，Hirabayashi Y，Liu Q，et al，2015a. Glacier runoff and its impact in a highly glacierized catchment in the southeastern Tibetan Plateau：past and future trends[J]. Journal of Glaciology，61（228）：713–730.

Zhang Y C，Shen Y J，Chen Y N，et al，2013. Spatial characteristics of surface water and groundwater using water stable isotope in the Tarim River Basin，northwestern China[J]. Ecohydrology，6（6）：1 031–1 039.

Zhang Y Q，Luo Y，Sun L，et al，2016. Using glacier area ratio to quantify effects of melt water on runoff[J]. Journal of Hydrology，538：269–277.